生乳质量安全风险识别与防控

丰东升　韩奕奕　张维谊　编著

中国农业科学技术出版社

图书在版编目（CIP）数据

生乳质量安全风险识别与防控 / 丰东升，韩奕奕，张维谊编著 . —北京：中国农业科学技术出版社，2021.6
ISBN 978-7-5116-5372-7

Ⅰ . ①生…　Ⅱ . ①丰… ②韩… ③张…　Ⅲ . ①鲜乳 - 质量管理 - 安全管理 - 风险管理　Ⅳ . ① TS252.7

中国版本图书馆 CIP 数据核字（2021）第 105128 号

责任编辑　王惟萍
责任校对　贾海霞
责任印制　姜义伟　王思文

出 版 者　中国农业科学技术出版社
北京市中关村南大街 12 号　邮编：100081
电　　话　（010）82106643（编辑室）（010）82109702（发行部）
（010）82109709（读者服务部）
传　　真　（010）82106643
网　　址　http://www.castp.cn
经 销 者　各地新华书店
印 刷 者　北京科信印刷有限公司
开　　本　185mm × 260mm　1/16
印　　张　9
字　　数　210 千字
版　　次　2021 年 6 月第 1 版　2021 年 6 月第 1 次印刷
定　　价　59.80 元

《生乳质量安全风险识别与防控》编委会

主　编　丰东升　韩奕奕　张维谊

副主编　蒋栋华　吴立峰　刘光磊

编著者　丰东升　韩奕奕　张维谊　蒋栋华　吴立峰
刘光磊　马颖清　王　霞　杨晓君　王　敏
邓　波　朱春燕　陈美莲　苏衍菁　张锋华
董言笑　郑　楠　李松励　陈柔含　刘　洋
吴　洁　杨　静　汪弘康　赵志鹏　梅　博

前　　言

生牛乳（简称生乳）及其乳制品的质量安全一直是我国食品安全的重点关注对象。生乳是乳制品最基本和最重要的原料，由于其营养丰富，是微生物的良好培养基，属于高风险性食品原料，生乳质量安全直接影响乳品品质。生乳质量安全的含义应该包括两个方面，一是保障卫生安全，生乳中的重金属残留、农药兽药残留、致病性细菌和病毒等危害因子不允许超过国家乳品标准规定的安全指标，杜绝因食用乳品引起中毒而对人体造成危害；二是保障营养安全，生乳中的各种营养素含量必须满足国家乳及乳制品标准规定理化指标的要求。

近十年来，在各方大力支持和行业共同努力下，中国乳业发生了翻天覆地的变化。当今中国乳业已具世界先进水平，中国乳业发展进入了快车道。尤其是“十三五”开局以来，我国乳业以乳业供给侧结构性改革为主线，以保障乳制品质量安全为核心，加快转变奶牛养殖方式，推动乳品加工优化升级，现代乳业建设不断向前迈进。中国乳业正在逐渐走出阴霾，中国消费者信心在稳步恢复。“优质乳工程”大步前进，一批产量大、质量好、市场占有率高的大型骨干企业和名牌产品也在逐渐形成。这些乳企作为我国乳业高速发展的缩影，在此期间均取得了高速增长。这十年来，中国乳业从设备水平、检验能力、科研能力、质量保障能力到职工队伍专业水平，均有大幅度提升。可以说当前我国乳业发展势头向好，质量安全水平处于历史最好水平。

然而，我国乳业发展面临重要的战略机遇的同时，还面临不少困难和挑战，生乳质量安全水平大幅提升和乳品质量安全事件时发并存，乳品产量持续增长和进口乳品快速增加并存，国内疫病防控形势严峻和外来疫病压力加大并存。如何从源头上提高乳制品质量和安全水平，是摆在我们同行面前共同的课题。

本书共分5章，对我国生乳质量安全概况、生乳质量安全主要危害因子和环节、生乳中主要危害因子的安全评价指标、生乳质量安全生产规程、生乳质量安全危害因子检测技术进行了系统的分析和集成研究，详细对比了我国与发达国家乳业质量安全控制管理、标准和技术体系，指出了健全我国乳制品质量安全控制体系的关键环节及具体措施，可供政府部门、企业和广大乳业工作者参考，以期对生乳的生产和管理提供指导。

本书立足于国内外资料的综述及上海市农产品质量安全中心奶产品质量安全监测和风险评估研究工作的科研成果，由上海市农产品质量安全中心、农业农村部奶产品质量安全风险评估实验室（上海）、农业农村部食品质量监督检验测试中心（上海）组织编写，得到了中国农业科学院北京畜牧兽医研究所、光明牧业有限公司、上海市农业科技服务中心、上海奶业协会等单位的鼎力协助，在此一并表示感谢。由于时间仓促和水平有限，书中难免出现遗漏和不当之处，敬请读者不吝指正。

编　著　者

2020年12月

目　　录

第一章

生乳质量安全

第一节　生乳定义和质量安全概念

一、生乳定义

根据我国食品安全国家标准 GB19301—2010《食品安全国家标准　生乳》的规定："生乳是指从符合国家有关要求的健康奶畜乳房中挤出的无任何成分改变的常乳。产犊后七天的初乳、应用抗生素期间和休药期间的乳汁、变质乳不应用作生乳。"

二、食品安全的概念

食品安全的概念经过了一个比较长时期的演变过程。最初的食品安全概念更多的是关注作为生活必需品的食品在数量上是否能够满足消费的需要，一般将食品安全称为 food security；20 世纪 90 年代后，食品安全又增加了食品的质量卫生方面的可靠性内涵，并将数量上的满足和质量上的安全定义为食品安全；近年来由于人们环境意识、健康意识不断提升，食品质量、卫生、安全方面事故频繁发生，食品安全的质量安全方面就成为一个非常重要的问题，并被专门称为 food safety，即对食品按其原定用途进行制作和 / 或食用时不会使消费者受害的一种担保。1969 年联合国食品法典委员会提出食品卫生概念，于 2003 年修订后发布国际标准《食品卫生总则》。2008 年该委员会在此基础上提出食品安全概念，明确食品中对人体健康造成现行和潜在危害的物质，均列为食品安全的范畴，并制定国际标准《食品安全控制措施评价准则》，于 2013 年修订后在全世界得到公认，并得以实施。

在我国，食品安全有 3 种不同的解读。一是质量和安全的组合，质量是指食品外观和内在的品质，如营养成分、色香味和口感、加工性能等，安全是指食品的危害因素，如农药残留、兽药残留、重金属污染、有害细菌等对人、动植物和环境存在的危害和潜在危害。二是质量安全作为一个词，是食品优质、安全、营养要素的综合。三是狭义的概念，

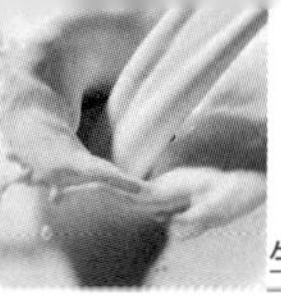

指质量中的安全方面。

食品安全是一个发展变化的概念，对食品安全概念的理解会受到经济发展水平、社会文化传统、农产品供求状况等因素的影响。不同历史时期、不同地区、不同收入水平下，消费者对食品安全的理解会有所不同。在经济困难、食品短缺的情况下，食品安全强调的是食品的数量方面，在生产过程中可以有限度地使用人工合成化学投入物，但这些有害物质残留不得超过一个临界的标准，而在经济比较发展，食品充裕的社会或时期，食品安全强调的是对人与自然环境的安全，对食品的生物的、化学的、物理的危害物的残留标准要求就更加严格。随着社会的进步，食品安全的标准在不断提高。

食品安全也是一个相对的概念，没有绝对安全的食品。要使食品达到绝对安全和“零风险”是不可能的，一些对食品安全有重要影响的因素，在现在的科技水平和条件下还难以发现或无法控制。食品安全的相对性还表现在食品安全的风险对于不同的人群也是相对的，食品安全水平与食品安全的标准相关，它与特定的标准相联系。由于各国的标准存在一定的差异，在一个国家或地区被认为安全的食品，在另外一个国家或地区就有可能被认为是不安全的食品，这也是产生绿色贸易壁垒和大量国际贸易争端的重要原因。

食品安全必须以科学技术为基础，确定食品对人类健康的风险因素时必须有科学的证据作为指导，而科学技术又是不断进步的。此一时被认为是安全的食品，彼一时可能被证明存在重大的安全隐患和风险。从这个意义上说，食品安全也是相对的。

因此，只要建立起适当的农产品质量安全控制和保障体系，所生产的农产品能够达到这些标准的要求，那么就认为这些农产品就是质量安全的食品，虽然这几个标准的等级有所差别。

三、生乳质量安全

所谓生乳质量安全，通常是指加工后的牛乳不含有可能对人类健康造成实际危害的有毒、有害物质或因素；食用后不会危害人体健康；不会产生对环境的负面影响。它包括生乳的卫生安全和营养安全 2 个方面。

牛乳的质量安全特性不同于其他食品的质量安全特性。一是由于牛乳具有易腐性和不耐储存的特点，消费者对牛乳的质量和安全更加敏感，要求更高；二是生乳是流动的液体产品，收集生乳的过程，因扩散效应，混合后很快达到成分均衡，由此产生了生乳可追溯性差的特征。因此，牛乳的食品安全管理较之其他食品更加重要，也更加困难。

生乳安全问题有很多生化特征，主要有以下 6 个方面。

（1）抗生素超标。抗生素残留，是乳品质量安全的重点，主要是青霉素、四环素、链霉素在牛乳奶产品中的药物残留。因为在乳品中残留的抗生素的热稳定性很强，虽经过煮沸，也只能破坏 10% 左右，大部分会随着乳品的饮用进入人体。人们摄入乳品中的残留抗生素有可能会引发不良反应，包括毒性反应、过敏反应、二重感染。更严重的是，抗生素通过乳品进入人体，使人体肠道中的细菌与低浓度的抗生素长期接触，诱导细菌产生耐药性，给以后的疾病治疗带来很大困难。如果不迅速采取积极措施进行控制，人们将会被推入没有有效抗生素可供选择的“后抗生素时代”。

（2）微生物超标。微生物指标对牛乳的品质至关重要。在生乳中，活的细菌经代谢会产生外毒素，经过高温杀毒后，这些细菌都会被彻底杀死。但这些死细菌被分解后，还会形成微量的内毒素。如果生乳中菌落总数过多，就会使成品乳中的内毒素增多，而内毒素一旦超过一定程度后，就会对人体造成潜在的危害。如果微生物指标过高，更会从根本上破坏乳制品的营养结构。这些微生物主要指以金黄色葡萄球菌、溶血性链球菌和沙门氏菌为主的消化道致病菌。造成微生物超标的原因是奶牛饲养卫生环境较差、杀灭菌等生产工艺没有达到要求、包装材质和密封性差、储运条件不规范等。

（3）体细胞超标。体细胞超标一般是由乳腺炎引起的，目前我国奶牛隐性乳腺炎较为常见，发病率也较高，导致生乳体细胞超标问题较为突出。体细胞通常由白细胞和上皮细胞组成。当乳房被感染或受机械损伤后，生乳内体细胞数就会上升。体细胞过高将导致牛乳产量的下降，缩短乳制品的存放时间。研究表明，生乳中的体细胞与其后乳制品的保质期、质量及安全均有密切关系。患有乳腺炎的奶牛产出的乳同样还伴随有较高的微生物数量，这些微生物中金黄色葡萄球菌等致病菌会占到一定的比例。而一些致病菌产生的内毒素在超高温灭菌乳的灭死率只有 40%~60%，所以在影响到质量问题的同时还影响着产品的安全性。

（4）硝酸盐及亚硝酸盐超标。生乳中硝酸盐和亚硝酸盐超标的主要原因有 2 个，一是自然界中广泛存在硝酸盐或亚硝酸盐通过奶牛转入到生乳中；二是人为掺杂使假所致，向生乳中掺碱、食盐、化肥等均可使生乳中硝酸盐和亚硝酸盐含量增高。人们如果食用含有这两种成分超标的乳品可引起急性呕吐及代谢紊乱。

（5）加工试剂污染。在生产加工过程，管道和设备清洗中，清洁剂等加工试剂没完全水洗干净，误入牛乳产品，人们食入被污染的牛乳，会造成急性食物中毒。

（6）食品添加剂污染。食品添加剂是指能够改善食品的色、香、味、形，以及为防腐和加工工艺的需要加入食品中的物质。乳制品生产中，为了防腐保鲜，调整味道，生产者会添加食品添加剂。国家有关部门认定了可供食品加工用的添加剂品种及其用量和在产品中的残留限量，超量使用对人体可能造成危害。

第二节　我国生乳质量安全现状

一、中国乳业质量安全概要

20 世纪末，尤其是“十五”期间，我国乳业出现了高速增长的态势，继续保持了强

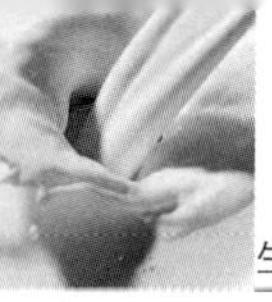

劲发展的势头。乳业成为畜牧业发展最快的产业，乳品加工业成为食品加工发展最快的行业。乳业在全面建设小康社会中的地位加强，国家把发展乳业作为农业产业结构调整的战略任务和改善膳食结构、提高人民身体素质的重大举措；国家对乳业的扶持力度加大；奶源基地建设、乳和乳制品的质量管理取得实质性进展；长期存在的饲养技术落后、加工设备陈旧的现象得到明显改善；乳业集团逐步成长壮大，在振兴民族乳业中较好地发挥了龙头作用；乳业经济效益显著提高，乳制品需求旺盛，国外乳制品企业和国内非乳业企业纷纷进入乳业，市场竞争激烈。

2017 年是党的十九大胜利召开之年，也是中国乳业进入新时代、转型升级的关键之年。一年来，中国乳业以优质安全、绿色发展为核心目标，加快变革与创新，乳品产量总体稳定，质量持续提升，现代乳业建设稳步推进，监管工作成效显著。

（1）乳制品产量基本稳定。2017 年，全国乳类产量 3 655.2 万 t，同比下降 1.5%，比 2012 年下降 5.68%。中国乳类产量位于印度和美国之后，居世界第三位，约占全球总产量 4.5%。中国乳制品产量 2 935.0 万 t，同比增长 4.2%，比 2012 年增长 15.3%。

（2）乳制品质量持续提升。2017 年，生乳抽检合格率 99.8%，与 2016 年持平；三聚氰胺等重点监控违禁添加物抽检合格率连续 9 年保持 100%。婴幼儿配方乳粉抽检合格率 99.5%，同比增加 0.8 个百分点；乳制品总体抽检合格率 99.2%，继续在食品中保持领先。

（3）现代乳业建设稳步推进。2017 年，中国乳业转型升级步伐进一步加快，标准化、规模化、组织化水平不断提高。全国荷斯坦奶牛平均单产 7.0t，同比增长 0.6t，比 2012 年增长 1.4t。存栏 100 头以上奶牛规模养殖场比重达到 58.3%，同比提高 6 个百分点，比 2012 年提高 21.1 个百分点。规模牧场 100% 实现机械化挤奶，90% 配备全混合日粮（TMR）搅拌车。奶农专业合作社达到 16 181 个，同比增加 0.9%。

（4）质量安全监管工作成效明显。连续 9 年组织实施生乳质量安全监测计划和专项整治行动，检测范围覆盖有奶站和运输车，落实“确保婴幼儿配方乳粉奶源安全六项措施”，强化婴幼儿乳粉奶源监管，2017 年抽检生乳样品 2.3 万批次，现场检查奶站 1.03 万个（次）、运输车 0.83 万辆（次）。严格进口乳制品监管，未准入境乳制品 244 批次，已全部按要求退货或销毁。

（5）保质量促发展任务艰巨。通过转型升级、创新驱动、提质增效、补齐短板，乳业监管力度持续加大，监管措施更加有力，生乳和乳制品质量安全水平持续提升，当前处于历史最好时期。但由于我国乳业发展起步晚，加之生产主体多、产业链条长、监管对象点多面广等，保障质量安全和振兴乳业的任务依然艰巨。

二、中国乳业生产与消费

1. 奶牛养殖

（1）乳类产量。中国乳类产量位于印度和美国之后，居世界第三位，约占全球总产量 4.5%。其中，国家统计局数据显示，2020 年牛乳产量 3 440 万 t，与 2019 年相比，增长 7.5%，同比增长率创下今年新高，国内牛乳供应趋紧的局面渐趋改善（图 1–1）。

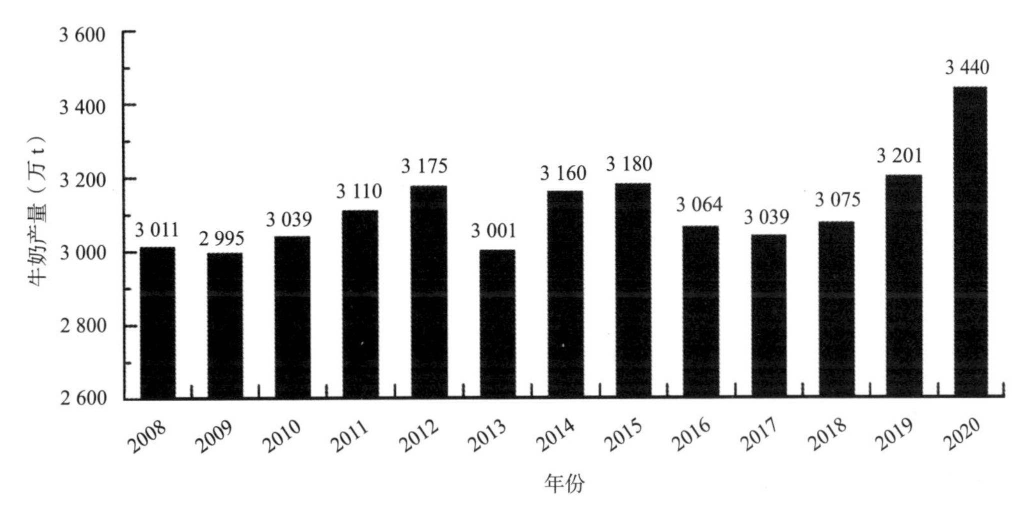

图 1–1　2008—2020 年全国牛奶产量

（数据来源：国家统计局）

（2）规模养殖水平。2017 年，中国奶牛养殖区（户）均存栏奶牛 114 头，同比增加 39 头，增幅 50.5%；规模养殖进程进一步加快，100 头以上规模养殖比例为 58.3%，同比提高 6 个百分点，比 2012 年提高 21 个百分点（图 1–2）。

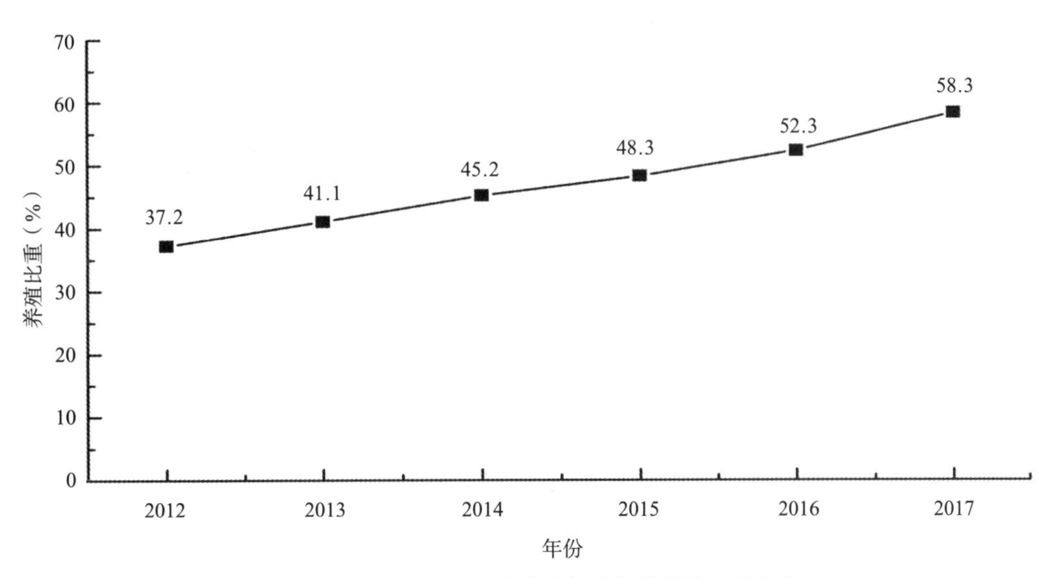

图 1–2　2012—2017 年全年奶牛规模养殖比重变化

（数据来源：农业部）

（3）奶牛单产水平。2017 年，全国荷斯坦奶牛平均单产 7.0t，同比增长 0.6t。对 1 500 多个存栏 100 头以上的规模牧场奶牛生产性能测定显示，乳牛平均日产 29.0kg，折合年单产 8.7t（表 1–1）。

表 1–1　2012—2017 年规模牧场奶牛平均单产

年份	牛只（万头）	日产奶量（kg/d）
2012	52.6	24.5
2013	52.9	24.3
2014	73.8	25.8
2015	79.5	27.8
2016	100.5	28.1
2017	120.2	29.0

数据来源：中国奶业协会。

（4）奶农组织化程度。2017 年，中国奶农专业生产合作社 16 181 个，同比增加 144 个，增幅 0.9%，比 2012 年增加 31.1%，奶农组织化水平逐年提升（图 1–3）。

（5）生乳价格。2017 年 10 个主产省份全年生乳平均收购价格为 3.48 元 /kg，比 2016 年平均价格略涨 0.3%，生乳价格仍处于较低水平（图 1–4）。

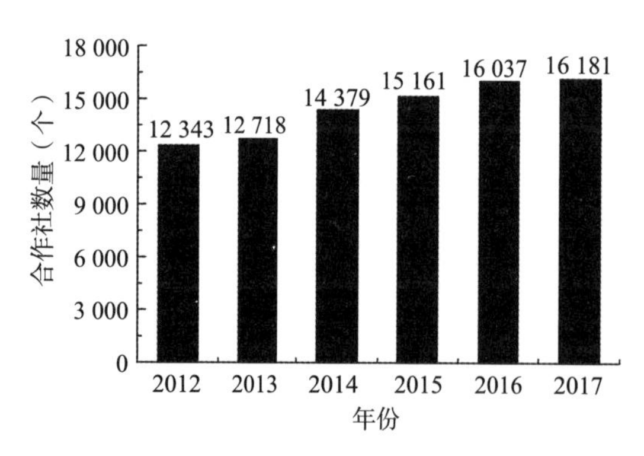

图 1–3　2012—2017 年全年奶农专业合作社数量

（数据来源：农业部）

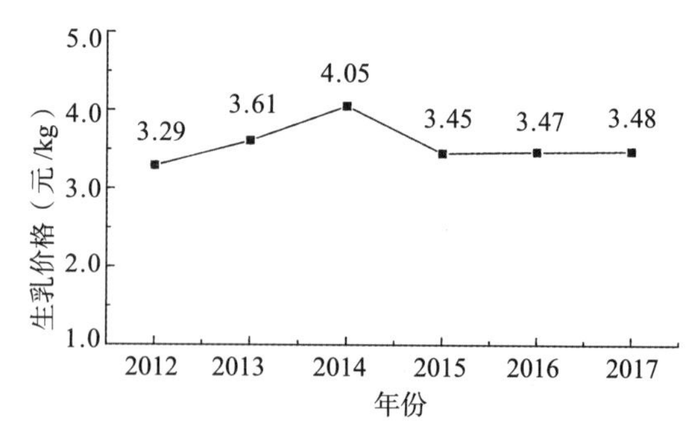

图 1–4　2012—2017 年主产省份生乳平均价格趋势

（数据来源：农业部）

2. 乳制品加工

（1）乳制品产量。2017 年，中国乳制品产量 2 935.0 万 t，同比增长 4.2%，比 2012 年增长 15.3%。其中，液态乳产量 2 691.7 万 t，同比增长 4.5%；乳粉产量 120.7 万 t，同比下降 13.2%。

（2）乳制品加工业集中度。2017 年，中国规模以上乳制品加工企业（年主营业务收入 2 000 万元以上，下同）611 家，同比减少 16 家，比 2012 年减少 39 家。婴幼儿配方乳粉生产企业 108 家。

（3）乳制品价格。2017 年，中国牛乳平均零售价格为 11.5 元 /kg，同比上涨 2.3%，比 2012 年上涨 26.5%；酸牛乳平均零售价格为 14.2 元 /kg，同比上涨 1.0%，比 2012 年上涨 17.7%；国产品牌婴幼儿配方乳粉平均零售价格为 171.8 元 /kg，同比上涨 3.3%，比 2012 年上涨 15.5%（图 1–5）。

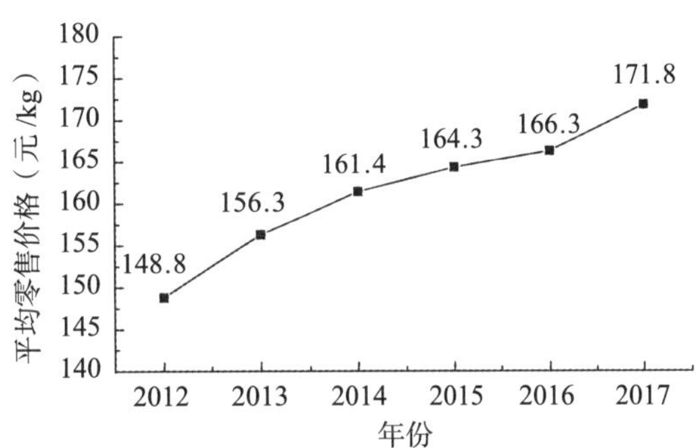

图 1–5　2012—2017 年中国产品婴幼儿配方乳粉平均零售价格

（数据来源：商务部）

（4）乳制品销售额和利润。2017 年，中国规模以上乳制品制造企业主营业务收入 3 590.4 亿元，同比增长 6.8%，比 2012 年增长 43.5%；利润总额 244.9 亿元，同比减少 3.27%，比 2012 奶牛增长 40.7%。

3. 乳制品及相关产品进出口

（1）乳制品进口。2017 年，全年进口乳制品 247.1 万 t，同比增长 13.5%，比 2012 年增长 101.8%（图 1–6）；进口总额 88.0 亿美元，同比增长 37.9%，比 2012 年增长 106.7%。2017 年进口乳制品折合生乳 1 484.7 万 t。2017 年进口数量最大的前 4 种乳制品分别是大包乳粉、液态乳、乳清粉、婴幼儿配方乳粉，分别占 29.0%、28.4%、21.4%、12.0%。

从进口来源国看，排名前 5 位的分别是，新西兰 90.1 万 t，占 36.5%；美国 33.8 万 t，占 13.7%；德国 26.4 万 t，占 10.7%；法国 18.5 万 t，占 7.5%；澳大利亚 16.1 万 t，占 6.5%；其他国家共 62.1 万 t，占 25.1%（图 1–7）。

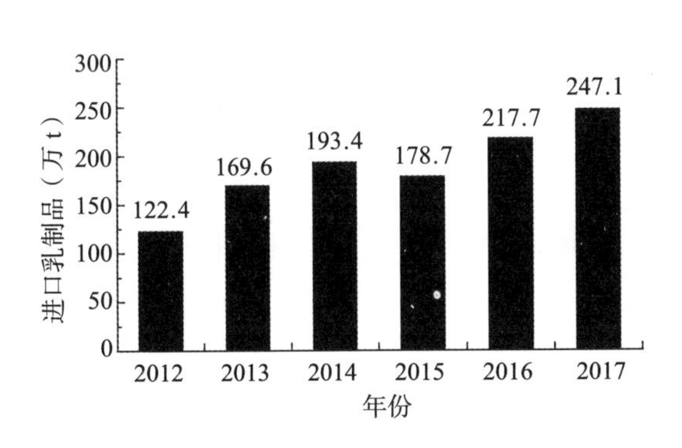

图 1–6　2012—2017 年中国进口乳制品

（数据来源：海关总署）

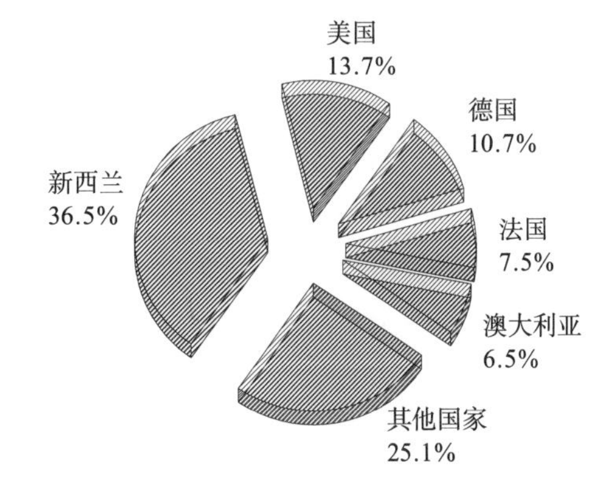

图 1–7　2017 年中国进口乳制品来源图

（数据来源：海关总署）

（2）乳牛和苜蓿进口。国产奶牛自繁自育数量增加，进口种用奶牛大幅下降。2017年，中国进口良种奶牛 5.3 万头，同比减少 39.1%，比 2012 年减少 43.0%；平均进口价格 2 027 美元 / 头，同比上涨 11.8%，比 2012 年下跌 30.6%。

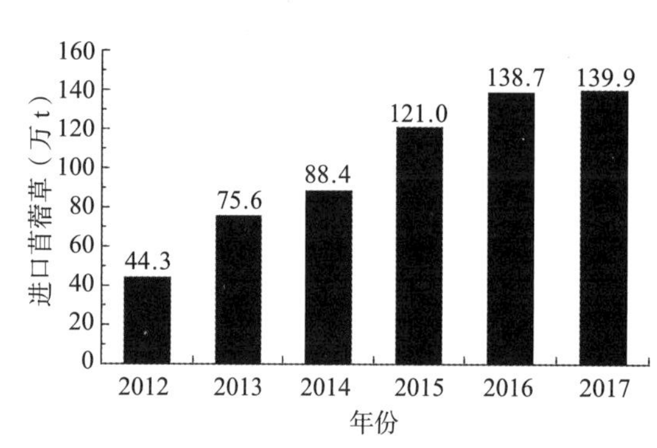

图 1-8　2012—2017 年中国进口苜蓿草数量

（数据来源：海关总署）

国产优质苜蓿供给大幅增加，苜蓿进口增速放缓。2017 年，进口苜蓿干草 139.9 万t，同比增长 0.9%，比 2012 年增长 216%（图 1–8）；平均进口价格 303 美元 /t，同比下跌 5.7%，比 2012 年下跌 23.0%。

（3）乳制品出口。2017 年，乳制品出口总量 3.7 万 t，同比增长 13.6%，比 2012 年减少 17.3%；出口总额 1.2 亿美元，同比增长 59.9%，比 2012 年增长 47.5%。

4. 乳制品消费

我国人均乳制品消费量折合生乳为 36.9kg，约为世界平均水平的 1/3，主要以液态乳消费为主。美国乳酪人均消费 16.7kg，折合生乳 167kg；欧盟乳酪人均消费 18.6kg，折合生乳 186kg；我国乳酪人均消费 0.1kg，折合生乳 1kg，相对偏低。

三、中国乳品质量安全

1. 生乳生产

奶牛养殖环境和卫生条件是保障生乳质量安全的基本要求。2017 年，继续规范奶牛养殖区选址与建设，完善奶牛养殖区装备设施，保障饲草料供应，强化生乳储运及生乳收购站管理，不断改善奶牛养殖环境和卫生条件。

（1）奶牛养殖区建设。2017 年，全国奶牛存栏 100 头以上的规模养殖场约 7 100 个。规模养殖场严格按照《中华人民共和国畜牧法》等法律法规的规定，执行《奶牛标准化规模养殖生产技术规范（试行）》，加强动物防疫和生乳质量安全管理，实现了标准化、规范化建设与生产。

（2）奶牛养殖区设施装备。近年来，奶牛养殖区的机械化、信息化、智能化装备和关键技术加快推广应用，质量安全保障能力进一步加强。2017 年，全国规模牧场 100% 实现机械化挤奶，比 2012 年提高了 10 个百分点；90% 配备了全混合日粮（TMR）搅拌车，同比提高了 3 个百分点。

（3）优质饲草料供应。苜蓿和青贮玉米是奶牛的主要粗饲料。2017 年，全国优质苜蓿种植面积 420 万亩（1 亩 ≈667m^2），产量 251 万 t，比去年增长 41 万 t，比 2012 年增加 202.1 万 t（图 1–9）。优质苜蓿可满足 200 万头奶牛的饲喂需求。

（4）生乳收购站和运输车。通过严格落实生乳收购站发证六项规定，执行《生鲜乳收购站标准化管理技术规范》，生乳收购站的基础设施、机械设备、质量检测、操作规范、管理制度和卫生条例，从硬件到软件各方面水平显著提升。

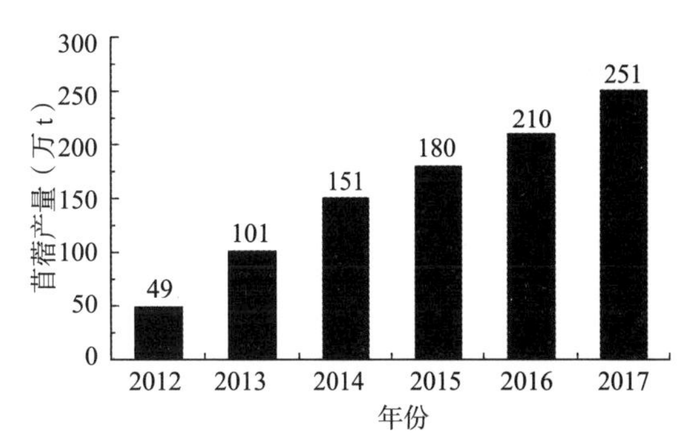

图 1–9　2012—2017 年全国优质苜蓿产量

（数据来源：农业部）

2017 年生乳收购站和运输车监督管理系统以对全国 5 479 个生乳收购站和 5 243 辆运输车进行了信息化、精准化管理，实现监管全覆盖，保障生乳质量安全。

2. 生乳质量安全

生乳质量安全指标中，乳蛋白、乳脂肪是衡量生乳营养价值的主要指标，杂质度、酸度、相对密度、非脂乳固体是体现生乳理化性质的指标，菌落总数、黄曲霉毒素 M_1、体细胞数量是反映生乳卫生状况的主要指标，铅、铬是判断生乳是否受到重金属污染的主要指标，三聚氰胺、革皮水解物是判断生乳中是否存在人为添加违禁物的指标。

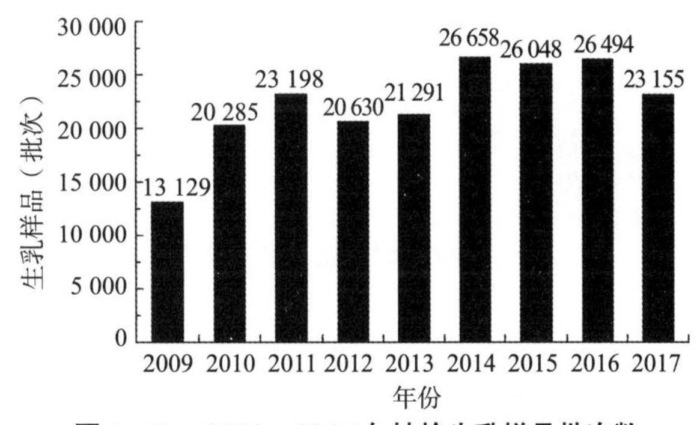

图 1–10　2009—2017 年抽检生乳样品批次数

（数据来源：农业部）

农业部从 2009 年开始实施生乳质量安全监测计划，重点监测生乳收购站和运输车，检测指标包括乳蛋白、乳脂肪、杂质度、酸度、相对密度、非脂乳固体、菌落总数、黄曲霉毒素 M_1、体细胞数、铅、铬、三聚氰胺、革皮水解物等多项指标，累计抽检生乳样品 20 万批次（图 1–10）。

（1）乳蛋白。乳蛋白是牛乳的主要成分之一，是反映牛乳营养品质的指标，乳蛋白含量国家标准≥ 2.8g/100g。

2017 年，农业部对 4 355 批次生乳样品进行监测，平均值为 3.23g/100g，同比增长 0.3%，远高于国家标准（图 1–11），规模牧场生乳样品乳蛋白含量平均值为 3.35g/100g（图 1–12）。

（2）乳脂肪。乳脂肪是牛乳的主要成分之一，是反映牛乳营养品质的指标。乳脂肪含量国家标准≥ 3.1g/100g。

2017 年，农业部对 4 348 批次生乳样品进行监测，平均值为 3.80g/100g，同比略有降低，远高于国家标准（图 1–13），规模牧场生乳样品乳脂肪含量平均值为 3.89g/100g（图 1–14）。

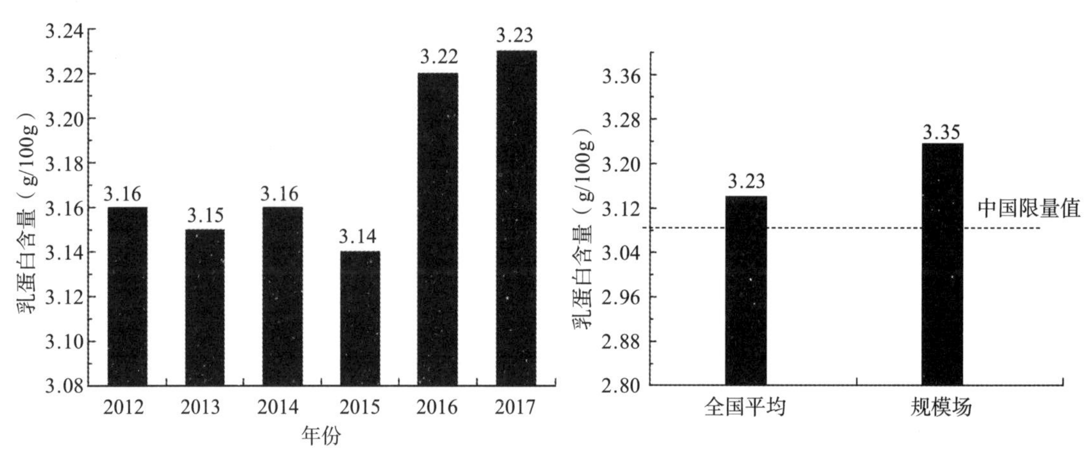

图 1-11　2012—2017 年全国生乳样品中乳蛋白含量平均值

图 1-12　2017 年全国生乳样品中乳蛋白含量与国家标准的比较

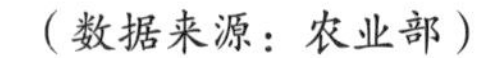

（数据来源：农业部）

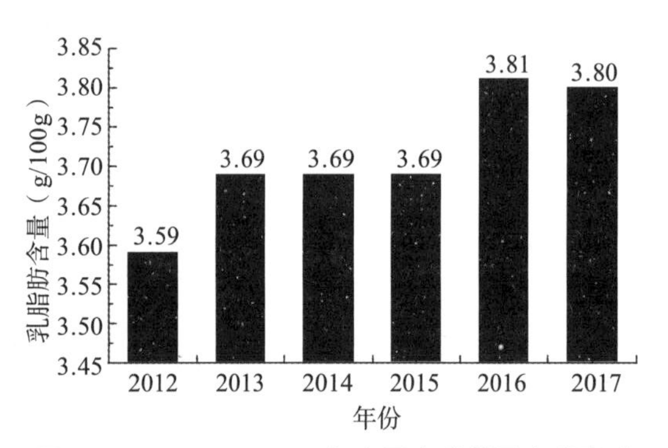

图 1-13　2012—2017 年全国生乳样品中乳脂肪含量平均值

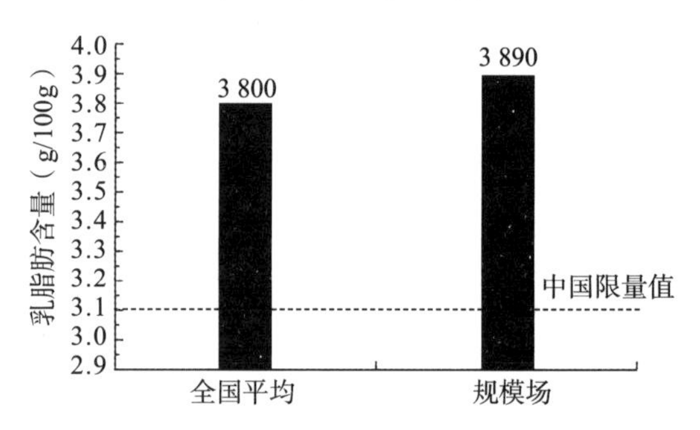

图 1-14　2017 年全国生乳样品中乳脂肪含量与国家标准的比较

（数据来源：农业部）

（3）非脂乳固体。非脂乳固体是生乳中除脂肪和水分外的物质的总称，非脂乳固体含量国家标准为≥ 8.1g/100g。

2017 年，农业部对 4 355 批次生乳样品进行监测，非脂乳固体含量平均值为 8.9g/100g，同比增长 1.1%，高于国家标准（图 1-15）。

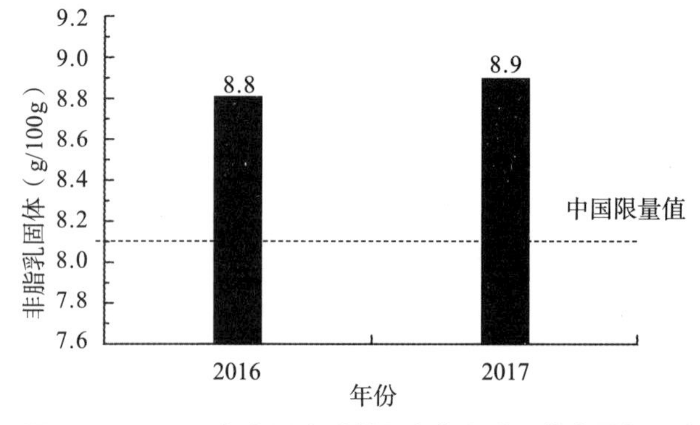

图 1-15　2017 年全国生乳样品中非脂乳固体含量与国家标准的比较

（数据来源：农业部）

（4）杂质度。杂质度指生乳中含有杂质的量，是衡量生乳洁净度的重要指标，国家标准为≤ 4.0mg/kg。

2017 年，农业部对 4 375 批次生乳样品进行监测，杂质度均符合国家标准，全年抽检合格率为 100%。

（5）酸度。酸度是评价牛乳新鲜程度的指标。国家标准规定，牛乳酸度范围为 12~18 °T。

2017 年，农业部对 4 373 批次生乳样品进行监测，牛乳酸度平均值为 13.89° T，符合国家标准。

（6）相对密度。相对密度是反映牛乳是否掺水的重要指标，国家标准为 20℃ /4℃≥ 1.027。

2017 年，农业部 4 375 批次生乳样品进行监测，相对密度平均值为 1.031，高于国家标准（图 1–16）。

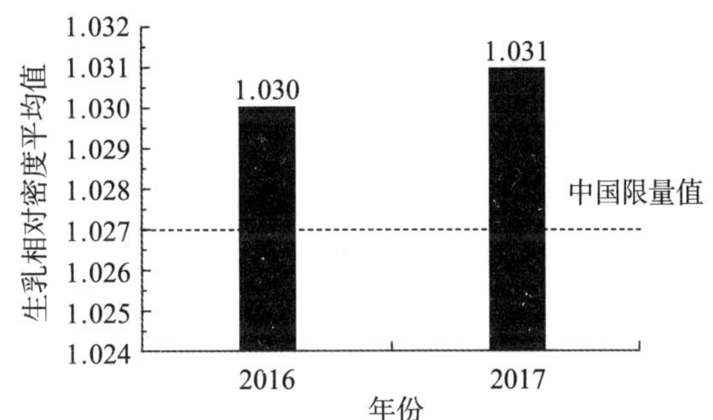

图 1–16　2017 年全国生乳相对密度平均值与国家标准的比较

（数据来源：农业部）

（7）菌落总数。菌落总数是反映奶牛养殖区卫生环境、挤奶操作环境、生乳保存和运输状况的一项重要指标。生乳中菌落总数过高，不仅会影响牛乳的口感，还可能使乳制品中的菌落总数超标，从而对人体造成伤害。世界各国都对生乳中的菌落总数进行了限定。菌落总数的国家标准为≤ 200 万 CFU/mL。

2017 年，农业部对 4 374 批次生乳样品进行监测，平均值为 31.3 万 CFU/mL，低于国家标准。另对 220 个规模牧场生乳样品进行监测，菌落总数平均值为 9.2 万 CFU/mL，低于全国水平（图 1–17，图 1–18）。

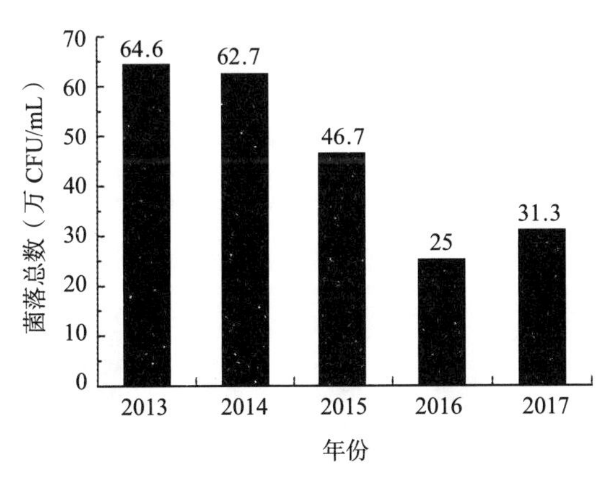

图 1–17　2013 年—2017 年全国生乳样品中菌落总数平均值

（数据来源：农业部）

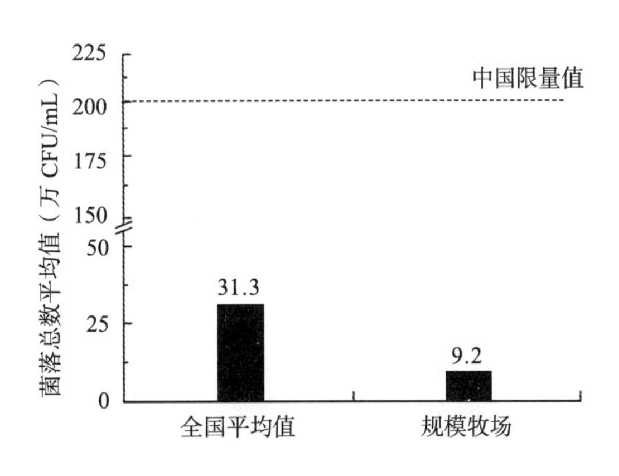

图 1–18　2017 年全国生乳样品中菌落总数结果与国家标准的比较

（数据来源：农业部）

（8）体细胞数。体细胞数是衡量奶牛乳房健康状况和生乳质量的一项重要指标，当奶牛乳房受到感染或伤害时，体细胞数会明显增加。体细胞数越高，生乳中致病菌和抗生素残留的污染风险越大，对人体健康的危害也越大。欧盟和新西兰规定生乳中体细胞数≤ 40 万个 /mL，美国规定体细胞数≤ 75 万个 /mL（A 级、B 级生乳），我国暂未规定。

2017 年，农业部对 4 308 批次生乳样品进行监测，体细胞数平均值为 30.9 万个 /mL，低于欧盟、新西兰和美国标准，规模牧场生乳样品的体细胞数平均值 22.8 万个 /mL，低于全国平均水平（图 1–19）。

（9）黄曲霉毒素 M_1。2017 年，农业部对 17 765 批次生乳样品进行监测，黄曲霉毒素 M_1 检出样品的平均值为 0.04μg/kg，远低于国家标准 0.5μg/kg（图 1–20）。

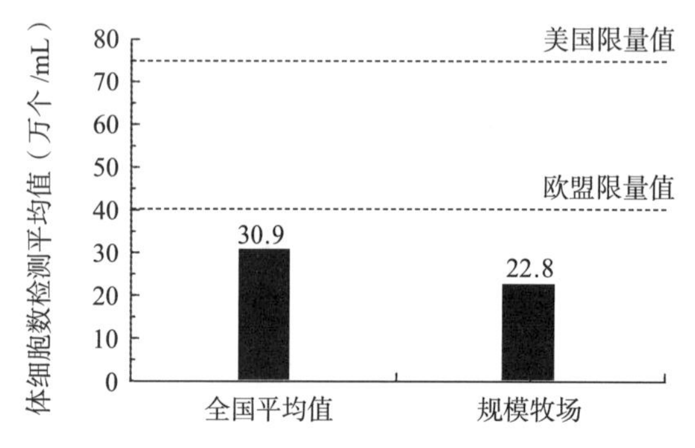

图 1–19　2017 年奶牛全国生乳样品中体细胞数与美、欧标准的比较

（数据来源：农业部）

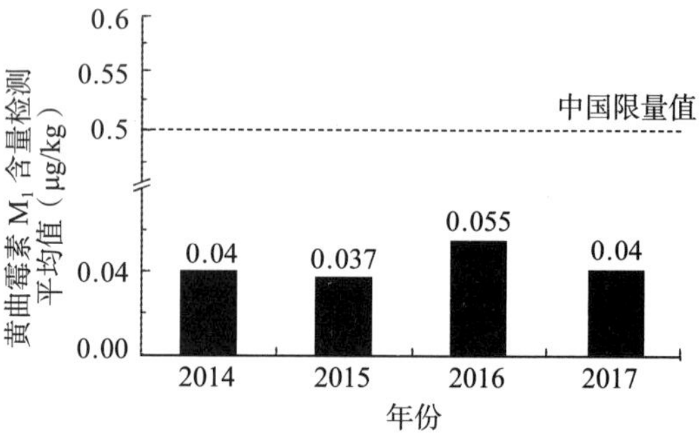

图 1–20　2014—2017 年全国生乳黄曲霉素 M_1 检出样品的平均值与中国和美国标准的比较

（数据来源：农业部）

（10）铅。生乳中铅的国家标准为≤ 0.05mg/kg。2017 年，农业部对 3 213 批次生乳样品进行监测，铅检出样品的平均值为 0.018mg/kg，远低于国家标准（图 1–21）。

（11）铬。生乳中铬的国家标准为≤ 0.3mg/kg。2017 年，农业部对 3 214 批次生乳样品进行监测，铬检出样品的平均值为 0.057mg/kg，远低于国家比标准（图 1–22）。

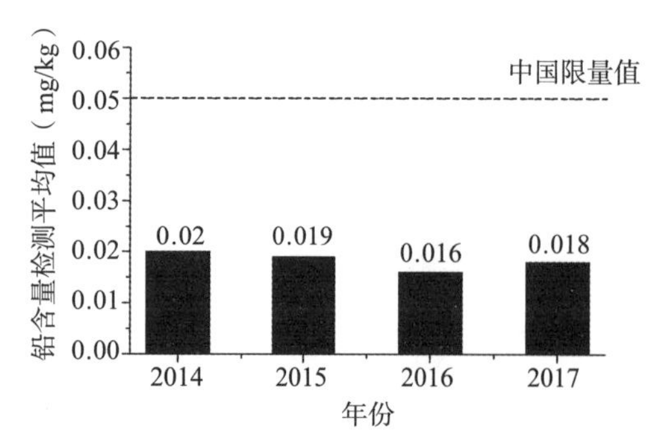

图 1–21　2014—2017 年全国生乳铅检出样品的平均值与国家标准的比较

（数据来源：农业部）

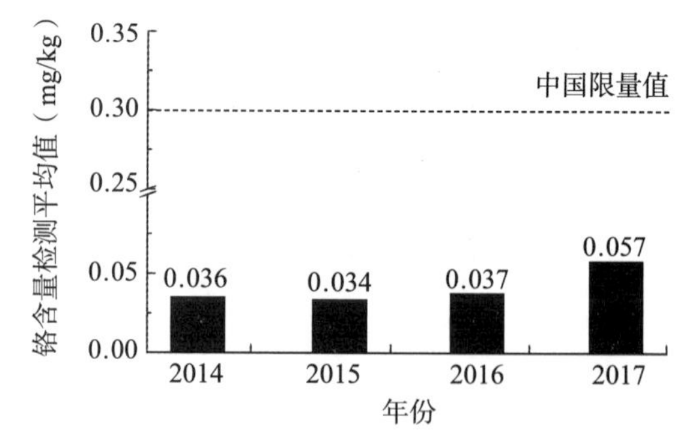

图 1–22　2014—2017 年全国生乳铬检出样品的平均值与国家标准的比较

（数据来源：农业部）

（12）三聚氰胺。2017 年，农业部对 13 778 批次生乳样品进行监测，仅 1 批次样品检出值为 0.02mg/kg，未超过 2.5mg/kg，未超过 2.5mg/kg 的国家限量标准，抽检合格率 100%（图 1–23，图 1–24）。

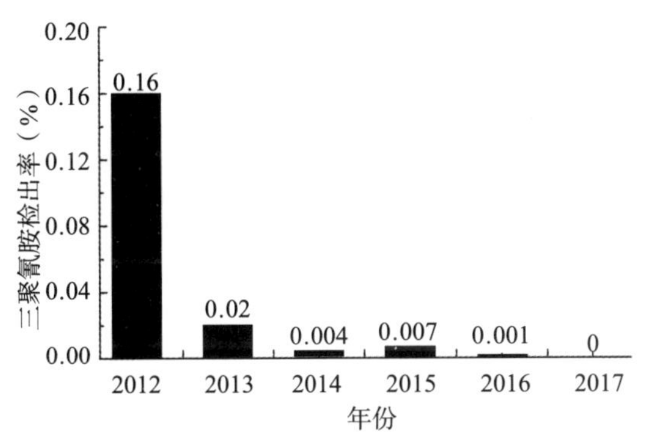

图 1–23　2012—2017 年全国生乳样品中三聚氰胺检出率

（数据来源：农业部）

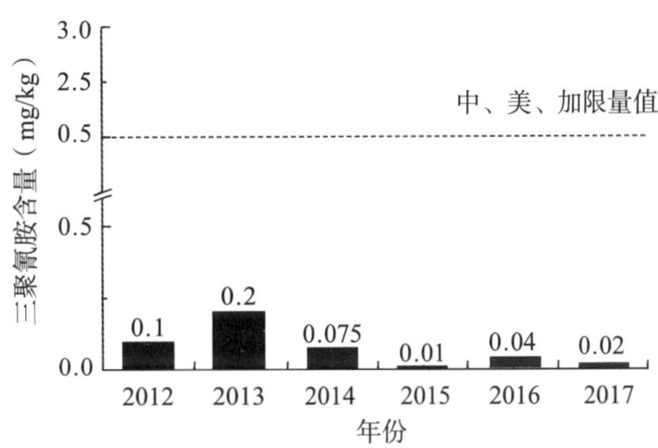

图 1–24　2012—2017 年全国生乳样品中三聚氰胺检出最大值与中、美、加等国限量标准的比较

（数据来源：农业部）

（13）革皮水解物。2009 年 2 月，革皮水解物列入《食品中可能违法添加的非食用物质名单》中，禁止在乳及乳制品中添加，不得检出。

2017 年，农业部对 8 018 批次生乳样品进行监测，均未检出革皮水解物。

3. 乳制品质量安全

（1）与国内其他食品比较。2017 年，国家食品安全监督抽检食品样品 23.33 万批次，总体平均抽检合格率为 97.6%，比 2016 年和 2015 年平均提高 0.8 个百分点。乳制品抽检合格率为 99.2%，其中，婴幼儿配方乳粉抽检合格率为 99.5%，比 2016 年提高 0.8 个百分点，不合格项目只是集中在标签标识方面（表 1–2）。

表 1–2　2017 年乳制品与食品抽检合格率比较

抽样	食品	乳制品	婴幼儿配方乳粉
合格比例（%）	97.6	99.2	99.5

数据来源：国家市场监督管理总局。

（2）进口乳制品未准入境情况。2017 年，各地出入境检验检疫部门从来自 23 个国家或地区的乳制品中检出未准入境产品共计 244 批次，约 521.9t。主要未准入境的事实为品质不合格、微生物污染、食品添加剂超范围或超限量使用等。所有未准入境的乳制品，都已依法做退货或销毁处理。

2017年，未准入境的婴幼儿配方乳粉共31批次，约33.6t，其中，韩国15批次、澳大利亚11批次、瑞士3批次、法国2批次（表1–3）。

表1–3　进口乳制品未准入境情况表

项目	未准入境乳制品、国家或地区及不合格批次
类型	乳酪（98）、婴儿配方食品（31）、乳粉（32）、发酵乳（27）、灭菌乳（28）、乳清粉（5）、调制乳（9）、巴氏杀菌乳（3）、炼乳（2）、奶油（9）
进口国家或地区	大洋洲：澳大利亚（47）、新西兰（5） 欧　洲：意大利（41）、法国（31）、西班牙（18）、德国（14）、荷兰（9）、拉脱维亚（6）、波兰（5）、白俄罗斯（6）、瑞士（3）、立陶宛（3）、比利时（3）、奥地利（3）、爱尔兰（2）、英国（1）、乌克兰（1）、芬兰（1） 北美洲：美国（8） 亚　洲：韩国（19）、日本（4）、马来西亚（1）、中国台湾（13）

数据来源：海关总署。

4. 结论

2017年监测结果表明，我国市场上乳品质量安全风险可控，整体状况良好。

（1）生乳中乳蛋白和乳脂肪等营养指标达到较高水平。检测结果表明，2012—2017年，生乳的乳蛋白和乳脂肪的平均水平高于GB19301—2010《食品安全国家标准　生乳》中的规定，生乳的质量安全水平大幅提升。

（2）生乳中各项安全指标达到标准。菌落总数、黄曲霉素M_1、杂质度、酸度、铅、铬等监测平均值符合我国限量标准，体细胞数平均值符合欧盟限量标准，表明我国奶牛养殖环境和奶牛健康状况显著改善，奶源优质安全。

（3）生乳中不存在人为添加三聚氰胺、革皮水解物等违禁添加物的现象，生乳收购、运输行为规范。自婴幼儿乳粉事件以来，不断强化生乳质量安全监管，有效遏制了违禁添加等违法行为。

（4）继续把婴幼儿配方乳粉作为食品安全监管的重中之重，综合施策从严管理，加大婴幼儿配方乳粉进口产品的监管力度，严禁检测不合格乳制品进入我国，并依法对未准入境产品做退货或销毁处理，保护了消费者权益。

第三节　国外生乳质量安全管理概况

由于发达国家的食品安全保障体系大都相对健全、完善和严格，所以本研究将选取几个主要的发达国家或地区如欧盟、美国、加拿大等来介绍其保障食品安全或畜产品（或乳制品）安全的经验或做法。

一、国际标准化组织

国际标准化组织（ISO）是一个全球性的非政府组织，也是最大、最具权威的标准化机构。ISO 的任务是促进全球范围内的标准化及其有关活动，以利于国际间产品与服务的交流，以及在知识、科学、技术和经济活动中发展国际间的相互合作。主要活动围绕制定和出版 ISO 国际标准进行。ISO 现有成员国 146 个。我国在 1978 年 9 月 1 日以中国标准化协会（CAS）的名义参加 ISO，1988 年起改为以国家技术监督局的名义参加 ISO 的工作，现以中国国家标准化管理委员会（SAC）的名义参加工作。

世界贸易组织（WTO）的贸易技术壁垒协定（TBT）也称为《标准守则》，是世界贸易组织关贸总协定中防止关税壁垒协定中最重要的一个协定，是针对各缔约方的技术法规、标准和合格评定程序而只能固定制定的一系列准则，其目的是确保各缔约方制定的技术法规、标准和合格评定程序不给国际贸易造成不必要的障碍。WTO 委托 ISO 负责 TBT 中有关标准通报工作。

ISO 的工作是通过约 2 300 个技术团体开展的，国际标准的制定由 ISO 的技术委员会（TC）188 个和分技术委员会（SC）550 个的工作组（Working group WC）来进行。与乳品相关的标准委员会主要是 TC34（农产品食品），还有 TC54（香精油）、TC122（包装）和 TC166（接触食品的陶瓷器皿和玻璃器皿）。

作为国际标准化组织，ISO 和其他国际组织建立了合作关系。TC34 分技术委员会与联合国食品法典委员会（CAC）分支机构在以下领域合作：分析方法和取样方法，果汁、加工水果和蔬菜，谷物、豆类，植物蛋白，乳和乳制品，肉和肉制品，食品卫生，动植物油脂等。ISO 与 CAC 的合作主要局限在“ISO 农产品食品政策”范围之内。依据这项政策可以避免两个组织间的工作重复。设在罗马的 CAC 秘书处和设在日内瓦的 ISO 秘书处之间存在着密切的联系。ISO 秘书处承担着 CAC 的分析方法和取样方法技术委员会中的一个咨询组的工作，在制定、确认和验收有国际水平的食品分析方法和取样方法的国际活动中起着积极的作用。

表 1-4　2020 年前 ISO 乳及乳制品相关标准目录

标准	名称
ISO 11285: 2004	Milk—Determination of lactulose content—Enzymatic method
ISO 11814: 2002	Dried milk—Assessment of heat treatment intensity—Method using high-performance liquid chromatography
ISO 11815: 2007	Milk—Determination of total milk—Clotting activity in bovine rennets
ISO 11816-1: 2013	Milk and milk products—Determination of alkaline phosphatase activity—Part 1: Fluorimetric method for milk and milk-based drinks

（续表）

标准	名称
ISO 11816-2: 2016	Milk and milk products—Determination of alkaline phosphatase activity—Part 2: Fluorometric method for cheese
ISO 11865: 2009	Instant whole milk powder—Determination of white flecksnumber
ISO 11866-1: 2005	Milk and milk products—Enumeration of presumptive escherichia coli—Part 1: Most probable number technique using 4-Methylumbelliferyl-beta-D-glucuronide (Mug)
ISO 11866-2: 2005	Milk and milk products—Enumeration of presumptive escherichia coli—Part 2: Colony—Count technique at 44 degrees C using membranes
ISO 11868: 2007	Heat—Treated milk—Determination of lactulose content—Method using high-performance liquid chromatography
ISO 11870: 2009	Milk and milk products—Determination of fat content—General guidance on the use of butyrometric methods
ISO 12078: 2006	Anhydrous milk fat—Determination of sterol composition by gas liquid chromatography (Reference method)
ISO 12080-1: 2009	Dried skimmed milk—Determination of vitamin A content—Part 1: Colormetric method
ISO 12080-2: 2009	Dried skimmed milk—Determination of vitamin A content—Part 2: Method using high-performance liquid chromatography
ISO 12081: 2010	Milk—Determination of calcium content—Titrimetric method
ISO 12082: 2006	Processed cheese and processed cheese products—Calculation of the content of added citrate emulsifying agents and acidifiers/pH-controlling agents, expressed as citric acid
ISO 1211: 2010	Milk—Determination of fat content—Gravimetric method (Reference method)
ISO 13366-1: 2008	Milk—Enumeration of somatic cells—Part 1: Microscopic Method(Reference method)
ISO 13366-2: 2006	Milk—Enumeration of somatic cells—Part 2: Guidance on the opration of fluoro-opto-electronic counters
ISO 13559: 2002	Butter, fermented milks and fresh cheese—Enumertion of contaminating microoganisms—Colony-count technique at 30 degrees C
ISO 13875: 2005	Liquid milk—Determination of acid-soluble beta-lactoglobulin content—Reverse-phase-HPLC method
ISO 13969: 2003	Milk and milk products—Guidelines for a standardized description of microbial inhibitor tests
ISO 14156: 2001	Milk and milk products—Extraction methods for lipids and liposoluble compounds
ISO 14377: 2002	Canned evaporated milk—Determination of tin content—Method using graphite furnace atomic absorption spectrometry
ISO 14378: 2009	Milk and dried milk—Determination of iodide content—Method using high-performance liquid chromatography
ISO 14461-1: 2005	Milk and milk products—Quality control in microbiological laboratories—Part 1: Analyst performance assessment for colony counts
ISO 14461-2: 2005	Milk and milk products—Quality control in microbiological laboratories—Part 2: Determination of the reliability of colony counts of parallel plates and subsequent dilution steps

（续表）

标准	名称
ISO 14501: 2021	Milk and milk powder—Determination of aflatoxin M_1 content—Clean-up by immunoaffinity chromatography and determination by high-performance liquid chromatography
ISO 14637: 2004	Milk—Determination of urea content—Enzymatic method using difference in pH (Reference method)
ISO 14673-1: 2004	Milk and milk products—Determination of nitrate and nitrite contents—Part 1: Method using cadmium reduction and spectrometry
ISO 14673-2: 2004	Milk and milk products—Determination of nitrate and nitrite contents—Part 2: Method using segmented flow analysis (Routine method)
ISO 14673-3: 2004	Milk and milk products—Determination of nitrate and nitrite contents—Part 3: Method using cadmium reduction and flow injection analysis with in-line dialysis (Routine method)
ISO 14674: 2005	Milk and milk powder—Determination of aflatoxin M_1 content—Clean-up by immunoaffinity chromatography and determination by thin-layer chromatography
ISO 14675: 2003	Milk and milk products—Guidelines for a standardized description of competitive enzyme immunoassays—Determination of aflatoxin M_1 content
ISO 14891: 2002	Milk and milk products—Determination of nitrogen content—Routine method using combustion according to the Dumas principle
ISO 14892: 2002	Dried skimmed milk—Determination of vitamin D content using high-performance liquid chromatography
ISO 15174: 2012	Milk and milk products—Microbial coagulants—Determination of total milk-clotting activity
ISO 15322: 2005	Dried milk and dried milk products—Determination of their behaviour in hot coffee (Coffee test)
ISO 15323: 2002	Dried milk protein products—Determination of nitrogen solubility index
ISO 15648: 2004	Butter—Determination of salt content—Potentiometric method
ISO 15884: 2002	Milk fat—Preparation of fatty acid methyl esters
ISO 15885: 2002	Milk fat—Determination of the fatty acid composition by gas-liquid chromatography
ISO 16305: 2005	Butter—Determination of firmness
ISO 17129: 2006	Milk powder—Determination of soy and pea proteins using capillary electrophoresis in the presence of sodium dodecyl sulfate (SDS-CE)—Screening method
ISO 17189: 2003	Butter, edible oil emulsions and spreadable fats—Determination of fat content (Reference method)
ISO 1735: 2004	Cheese and processed cheese products—Determination of fat content—Gravimetric method (Reference method)
ISO 1736: 2008	Dried milk and dried milk products—Determination of fat content—Gravimetric method (Reference method)
ISO 1737: 2008	Evaporated milk and sweetened condensed milk—Determination of fat content—Gravimetric method (Reference method)
ISO 1738: 2004	Butter—Determination of salt content
ISO 1739: 2006	Butter—Determination of the refractive index of the fat (Reference method)
ISO 1740: 2004	Milkfat products and butter—Determination of fat acidity (Reference method)

（续表）

标准	名称
ISO 17792: 2006	Milk,milk products and mesophilic starter cultures—Enumeration of citrate-fermenting lactic acid bacteria—Colony-count technique at 25 degrees C
ISO 17997-1: 2004	Milk—Determination of casein-nitrogen content—Part 1: Indirect method (Reference method)
ISO 17997-2: 2004	Milk—Determination of casein-nitrogen content—Part 2: Direct method
ISO 18252: 2006	Anhydrous milk fat—Determination of sterol composition by gas liquid chromatography (Routine method)
ISO 18329: 2004	Milk and milk products—Determination of furosine content—Ion-pair reverse-phase high-performance liquid chromatography method
ISO 18330: 2003	Milk and milk products—Guidelines for the standardized description of immunoassays or receptor assays for the detection of antimicrobial residues
ISO 1854: 2008	Whey cheese—Determination of fat content—Gravimetric method (Reference method)
ISO 20128: 2006	Milk products—Enumeration of presumptive *Lactobacillus acidophilus* on a selective medium—Colony-count technique at 37 degrees C
ISO 20966: 2007	Automatic milking installations- Requirements and testing
ISO 21187: 2004	Milk—Quantitative determination of bacteriological quality—Guidance for establishing and verifying a conversion relationship between routine method results and anchor method results
ISO 21543: 2020	Milk and milk products—Guidelines for the application of near infrared spectrometry
ISO 22160: 2007	Milk and milk-based drinks—Determination of alkaline phosphatase activity—Enzymatic photo-activated system (EPAS) method
ISO 22662: 2007	Milk and milk products—Determination of lactose content by high-performance liquid chromatography (Reference method)
ISO 23058: 2006	Milk and milk products—Ovine and caprine rennets—Determination of total milk-clotting activity
ISO 23275-1: 2006	Animal and vegetable fats and oils—Cocoa butter equivalents in cocoa butter and plain chocolate—Part 1: Determination of the presence of cocoa butter equivalents
ISO 23275-2: 2006	Animal and vegetable fats and oils—Cocoa butter equivalents in cocoa butter and plain chocolate—Part 2: Quantification of cocoa butter equivalents
ISO 2446: 2008	Milk—Determination of fat content
ISO 2911: 2004	Sweetened condensed milk—Determination of sucrose content—Polarimetric method
ISO 2920: 2004	Whey cheese—Determination of dry matter (Reference method)
ISO 2962: 2010	Cheese and processed cheese products—Determination of total phosphorus content—Molecular absorption spectrometric method
ISO 2963: 2006	Cheese and processed cheese products—Determination of citric acid content—Enzymatic method
ISO 3356: 2009	Milk—Determination of alkaline phosphatase
ISO 3432: 2008	Cheese—Determination of fat content—Butyrometer for Van Gulik method
ISO 3433: 2008	Cheese—Determination of fat content—Van Gulik method

（续表）

标准	名称
ISO 3727-1: 2001	Butter—Determination of moisture, non-fat solids and fat contents—Part 1: Determination of moisture content (Reference method)
ISO 3727-2: 2001	Butter—Determination of moisture, non-fat solids and fat contents—Part 2: Determination of non-fat solids content (Reference method)
ISO 3727-3: 2003	Butter—Determination of moisture, non-fat solids and fat contents—Part 3: Calculation of fat content
ISO 3728: 2004	Ice-cream and milk ice—Determination of total solids content (Reference method)
ISO 3889: 2006	Milk and milk products—Specification of Mojonnier-type fat extraction flasks
ISO 3890-1: 2009	Milk and milk products—Determination of residues of organochlorine compounds (pesticides)—Part 1: General considerations and extraction methods
ISO 3890-2: 2009	Milk and milk products—Determination of residues of organochlorine compounds (pesticides)—Part 2: Test methods for crude extract purification and confirmation
ISO 3914-7: 1994	Textile machinery and accessories—Cylindrical tubes—Part 7: Dimensions, tolerances and designation of perforated tubes for cheese dyeing
ISO 3918: 2007	Milking machine installations—Vocabulary
ISO 3976: 2006	Milkfat—Determination of peroxide value
ISO 477: 1982	Textile machinery and accessories—Cone and cheese winding machines—Vocabular
ISO 488: 2008	Milk—Determination of fat content—Gerber butyrometers
ISO 5534: 2004	Cheese and processed cheese—Determination of the total solids content (Reference method)
ISO 5536: 2009	Milk fat products—Determination of water content—Karl Fischer method
ISO 5537: 2004	Dried milk—Determination of moisture content (Reference method)
ISO 5538: 2004	Milk and milk products—Sampling—Inspection by attributes
ISO 4832: 2006	Microbiology of food and animal feeding stuffs—Horizontal method for the enumeration of coliforms—Colony-count technique
ISO 4831: 2006	Microbiology of food and animal feeding stuffs—Horizontal method for the detection and enumeration of coliforms—Most probable number technique
ISO 5543: 2004	Caseins and caseinates—Determination of fat content—Gravimetric method (Reference method)
ISO 5544: 2008	Caseins—Determination of "fixed ash" (Reference method)
ISO 5545: 2008	Rennet caseins and caseinates—Determination of ash (Reference method)
ISO 5546: 2010	Caseins and caseinates—Determination of pH (Reference method)
ISO 5547: 2008	Caseins—Determination of free acidity (Reference method)
ISO 5548: 2004	Caseins and caseinates—Determination of lactose content—Photometric method
ISO 8968-1: 2014	Milk and milk products—Determination of nitrogen content—Part 1: Kjeldahl principle and crude protein calculation
ISO 5550: 2006	Caseins and caseinates—Determination of moisture content (Reference method)
ISO 5707: 2007	Milking machine installations—Construction and performance
ISO 5708: 1983	Refrigerated bulk milk tanks
ISO 5738: 2004	Milk and milk products—Determination of copper content—Photometric method (Reference method)

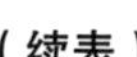

（续表）

标准	名称
ISO 5739: 2003	Caseins and caseinates—Determination of contents of scorched particles and of extraneous matter
ISO 5764: 2009	Milk—Determination of freezing point—Thermistor cryoscope method (Reference method)
ISO 5765-1: 2002	Dried milk, dried ice-mixes andprocessed cheese—Determination of lactose content—Part 1: Enzymatic method utilizing the glucose moiety of the lactose
ISO 5765-2: 2002	Dried milk, dried ice-mixes and processed cheese—Determination of lactose content—Part 2: Enzymatic method utilizing the galactose moiety of the lactose
ISO 5943: 2006	Cheese and processed cheese products—Determination of chloride content—Potentiometric titration method
ISO 6091: 2010	Dried milk—Determination of titratable acidity (Reference method)
ISO 6092: 1980	Dried milk—Determination of titratable acidity (Routine method)
ISO 6611: 2004	Milk and milk products—Enumeration of colony-forming units of yeasts and/or moulds—Colony-count technique at 25 degrees C
ISO 6690: 2007	Milking machine installations—Mechanical tests
ISO 6730: 2005	Milk—Enumeration of colony-forming units of psychrotrophic microorganisms—Colony-count technique at 6.5 degrees C
ISO 6731: 2010	Milk, cream and evaporated milk—Determination of total solids content (Reference method)
ISO 6732: 2010	Milk and milk products—Determination of iron content—Spectrometric method (Reference method)
ISO 6734: 2010	Sweetened condensed milk—Determination of total solids content (Reference method)
ISO 6785: 2001	Milk and milk products—Detection of *Salmonella* spp.
ISO 6887-4: 2017	Microbiology of the food chain—Preparation of test samples, initial suspension and decimal dilutions for microbiological examination—Part 4: Specific rules for the preparation of miscellaneous products
ISO 7048: 2011	Cross-recessed cheese head screws
ISO 707: 2008	Milk and milk products—Guidance on sampling
ISO 7208: 2008	Skimmed milk, whey and buttermilk—Determination of fat content—Gravimetric method (Reference method)
ISO 7238: 2004	Butter—Determination of pH of the serum—Potentiometric method
ISO 7328: 2008	Milk-based edible ices and ice mixes—Determination of fat content—Gravimetric method (Reference method)
ISO 8069: 2005	Dried milk—Determination of content of lactic acid and lactates
ISO 8070: 2007	Milk and milk products—Determination of calcium, sodium, potassium and magnesium contents—Atomic absorption spectrometric method
ISO 8086: 2004	Dairy plant—Hygiene conditions—General guidance on inspection and sampling procedures
ISO 8156: 2005	Dried milk and dried milk products—Determination of insolubility index
ISO 8196-1: 2009	Milk—Definition and evaluation of the overall accuracy of alternativemethods of milk analysis—Part 1: Analytical attributes of alternativemethods

（续表）

标准	名称
ISO 8196-2: 2009	Milk—Definition and evaluation of the overall accuracy of alternativemethods of milk analysis—Part 2: Calibration and quality control in the dairy laboratory
ISO 6887-5: 2020	Microbiology of the food chain—Preparation of test samples, initial suspension and decimal dilutions for microbiological examination—Part 5: Specific rules for the preparation of milk and milk products
ISO 8262-1: 2005	Milk products and milk-based foods—Determination of fat content by the Weibull-Berntrop gravimetric method (Reference method)—Part 1: Infant foods
ISO 8262-2: 2005	Milk products and milk-based foods—Determination of fat content by the Weibull-Berntrop gravimetric method (Reference method)—Part 2: Edible ices and ice-mixes
ISO 8262-3: 2005	Milk products and milk-based foods—Determination of fat content by the Weibull-Berntrop gravimetric method (Reference method)—Part 3: Special cases
ISO 8381: 2008	Milk-based infant foods—Determination of fat content—Gravimetric method (Reference method)
ISO 8552: 2004	Milk—Estimation of psychrotrophic microorganisms—Colony-count technique at 21 degrees C (Rapid method)
ISO 8553: 2004	Milk—Enumeration of microorganisms—Plate-loop technique at 30 degrees C
ISO 8851-1: 2004	Butter—Determination of moisture, non-fat solids and fat contents (Routine methods)—Part 1: Determination of moisture content
ISO 8851-2: 2004	Butter—Determination of moisture, non-fat solids and fat contents (Routine methods)—Part 2: Determination of non-fat solids content
ISO 8851-3: 2004	Butter—Determination of moisture, non-fat solids and fat contents (Routine methods)—Part 3: Calculation of fat content
ISO 8870: 2006	Milk and milk-basedproducts—Detection of thermonuclease produced by coagulase-positive staphylococci
ISO 8967: 2005	Dried milk and dried milk products—Determination of bulk density
ISO 8968-1: 2014	Milk and milk products—Determination of nitrogen content—Part 1: Kjeldahl principle and crude protein calculation
ISO 8968-3: 2004	Milk—Determination of nitrogen content—Part 3: Block-digestion method (Semi-micro rapid routine method)
ISO 8968-4: 2016	Milk and milk products—Determination of nitrogen content—Part 4: Determination of proteinandnon-protein nitrogen content and true protein content calculation (Reference method)
ISO 9231: 2008	Milk and milk products—Determination of the benzoic and sorbic acid contents
ISO 9233-1: 2018	Cheese, cheese rind and processed cheese—Determination of natamycin content—Part 1: Molecular absorption spectrometric method for cheese rind

（续表）

标准	名称
ISO 9233-2: 2018	Cheese, cheese rind and processed cheese—Determination of natamycin content—Part 2: High-performance liquid chromatographic method for cheese, cheese rind and processed cheese
ISO 9622: 2013	Milk and liquid milk products—Guidelines for the application of mid-infrared spectrometry
ISO 9874: 2006	Milk—Determination of total phosphorus content—Method using molecular absorption spectrometry
ISO 22964: 2017	Microbiology of the food chain—Horizontal method for the detection of *Cronobacter* spp.
ISO/TS9941: 2005	Milk and canned evaporated milk—Determination of tin content—Spectrometric method

二、联合国食品法典委员会

CAC 由联合国粮农组织（FAO）和世界卫生组织（WHO）于 1962 年共同组织建立，旨在建立一套国际食品标准，指导日趋发展的世界食品工业，保护公众健康，促进公平的国际食品贸易发展。至今已有包括中国在内的 168 个成员国参加，覆盖全球 98% 的人口。食品法典委员会的基本任务是为消费者健康保护和公平食品贸易方法制定国际标准和规范。由于 CAC 确立了国际食品安全和贸易标准，因此 CAC 对发达国家和发展中国家同等重要。食品法典委员会已经成为国际上最重要的食品标准制定组织。

食品法典（Codex Alimentarius）是一套食品安全和质量的国际标准、食品加工规范和准则。汇集了国际已采用的全部食品标准，主要内容包括：产品标准、各种良好操作规范、技术法规和准则、各种限量标准、食品抽样和分析方法以及各种咨询与程序。迄今为止，CAC 共制定了 42 个食品法典、237 个食品标准，以及 185 种农药、1 005 个食品添加剂、54 个兽药、25 个食品污染物的评价标准。另外还建立了 3 274 个农药最高残留限量（MRL）标准。

CAC 法典汇集了各项法典标准，各成员国或国际组织的采纳意见以及其他各项通知等。但食品法典不能代替国家法规，各成员国采用相互比较的方式总结法典标准与国内有关法规之间实质性差异，积极地采纳法典标准。

我国于 1986 年正式加入 CAC，并于同年经国务院批准成立中国食品法典国内协调小组，负责组织协调国内法典工作事宜。卫生部为协调小组组长单位，负责小组协调工作；农业部为副组长单位，负责对外组织联系工作。协调小组设在卫生部食检所，负责日常事宜，各部门工作均有明确分工。我国食品法典工作主要分为信息交流，组织研究 CAC 提出的有关问题和建议，参与国际及地区标准的制修订以及参加法典委员会及其专业委员会会议等。

表 1-5　2020 年前 CODEX 食品法典

CODEX 食品法典			
1. 法典标准 1.1 一般要求			
标准编号	索引	标准名称	最新修订
Codex Stan 1-1985	CXS 1-1985	预包装食品标签通用标准	2018
Codex Stan 106-1983, Rev.1-2003	CXS 106-1983	辐照食品通用标准	2003
Codex Stan 107-1981	CXS 107-1981	食品添加剂销售时的标签通用标准	2016
Codex Stan 150-1985	CXS 150-1985	食用盐标准	2012
Codex Stan 192-1995	CXS 192-1995	食品添加剂标准前言	2019
Codex Stan 193-2018	CXS 193-1995	食品污染物和毒素标准前言	2019
Codex Stan 209-1999, Rev.1-2001		加工用花生中黄曲霉素残留限量标准	
1.2 食品中农药残留——最大限量值			
1.3 食品中兽药残留——最大限量值			
1.4 特殊营养与膳食（包括婴幼儿食品）			
Codex Stan 53-1981	CXS 053-1981	特殊膳食用的低盐食品	2019
Codex Stan 72-1981	CXS 072-1981	婴儿配方食品	2020
Codex Stan 73-1981	CXS 073-1981	罐装的幼儿食品	2017
Codex Stan 74-1981	CXS 074-1981	加工的婴幼儿谷物类食品	2019
Codex Stan 118-1979	CXS 118-1979	无麸质食品	2015
Codex Stan 146-1985	CXS 146-1985	特殊膳食的预包装食品标签及说明的通用标准	2009
Codex Stan 156-1987	CXS 156-1987	断奶后的配方食品	2017
Codex Stan 180-1991	CXS 180-1991	特殊药疗作用食品的标签及说明	1991
Codex Stan 181-1991	CXS 181-1991	减轻体重用低能量配方食品	1991
Codex Stan 203-1995	CXS 203-1995	控制体重用配方食品	1995
1.12 乳及乳制品			
Codex Stan A-3-1971, Rev.1-1999		淡炼乳	
Codex Stan 207-1999	CXS 207-1999	奶粉和奶油粉标准	2016
Codex Stan A-6-1978, Rev.1-1999		干酪	2003
Codex Stan A-8a-1978		几种再制干酪和可涂沫的再制干酪	
Codex Stan A-8b-1978		再制干酪和可涂抹的再制干酪	

（续表）

标准编号	索引	标准名称	最新修订
Codex Stan A-8c-1978		再制干酪原料	
Codex Stan 288-1976	CXS 288-1976	稀奶油和预制稀奶油	2018
Codex Stan A-11a-1975		酸奶和甜酸奶	
Codex Stan A-11b-1976		调味酸奶和发酵后热加工的酸奶制品	
Codex Stan 289-1995	CXS 289-1995	乳清粉	2018
Codex Stan 290-1995	CXS 290-1995	食用干酪制品	2018
Codex Stan 263-1966	CXS 263-1966	契达干酪	2019
Codex Stan 264-1966	CXS 264-1966	丹伯干酪	2019
Codex Stan 265-1966	CXS 265-1966	埃达姆干酪	2019
Codex Stan 266-1966	CXS 266-1966	古达干酪	2019
Codex Stan 267-1966	CXS 267-1966	哈瓦乌特干酪	2019
Codex Stan C-7-1966		三梭干酪	
Codex Stan 269-1967	CXS 269-1967	埃门塔尔干酪	2019
Codex Stan 270-1968	CXS 270-1968	迪尔丝特干酪	2019
Codex Stan 271-1968	CXS 271-1968	圣保林干酪	2019
Codex Stan 272-1968	CXS 272-1968	普罗沃隆干酪	2019
Codex Stan C-273-1968	CXS 273-1968	（脱脂奶）农家干酪，包括稀奶油的农家干酪	2018
Codex Stan 274-1969	CXS 274-1969	库努米尔斯干酪	2019
Codex Stan 275-1973	CXS 275-1973	稀奶油乳酪	2018
Codex Stan 276-1973	CXS 276-1973	坎伯德干酪	2019
Codex Stan 277-1973	CXS 277-1973	伯瑞干酪	2019
Codex Stan 278-1978	CXS 278-1978	揉碎硬干酪	2018
2. 法典指导原则			
CAC/GL 1-1979	CXG 1-1979	标签说明的通用导则	2009
CAC/GL 2-1985	CXG 2-1985	营养标签导则	2017
CAC/GL 3-1989	CXG 3-1989	食品添加剂纳入量的抽样评估导则	2014
CAC/GL 4-1989	CXG 4-1989	在食品中使用植物蛋白制品的通用导则	1989
CAC/GL 8-1991	CXG 8-1991	较大婴儿和幼童的辅助配方食品导则	2017
CAC/GL 9-1987	CXG 9-1987	食品中添加必需营养素的通则	2015
CAC/GL 10-1979	CXG 10-1979	婴幼儿特殊膳食用食品中营养物质的参考清单	2015
CAC/GL 13-1991	CXG 13-1991	乳过氧化酶系保藏鲜奶的导则	1991
CAC/GL 16-1993		关于建立食品中兽药残留管理方案的法典导则	
CAC/GL 17-1993	CXG 17-1993	成批罐头食品视觉直观检验的程序导则	1993

（续表）

标准编号	索引	标准名称	最新修订
CAC/GL 19-1995	CXG 19-1995	食品安全控制紧急情况时信息交流的法典导则	2016
CAC/GL 20-1995	CXG 20-1995	食品进出口检验和出证原则	1995
CAC/GL 21-1997	CXG 21-1997	食品微生物指标设定及应用原则	2013
CAC/GL 23-1997	CXG 23-1997	应用营养说明的导则	2013
CAC/GL 25-1997	CXG 25-1997	食品进口过程中拒收情况下两国信息交流导则	2016
CAC/GL 29-1997		自然调味品的一般要求	
CAC/GL 30-1999	CXG 30-1999	微生物风险评估的原则及导则	2014
CAC/GL 32-1999	CXG 32-1999	有机食品生产、加工、标识和销售指南	2013
CAC/GL 33-1999	CXG 33-1999	农药最大残留限量符合性测定的推荐取样方法	1999
CAC/GL 34-1999	CXG 34-1999	食品进出口检验与出证系统中增进等同互认性导则	1999
CAC/GL 67-2008	CXG 67-2008	乳及乳制品出口许可证模板	2010
3. 国际推荐操作规程			
操作规程编号名称	索引	名称	最新修订
CAC/RCP 1-1969，Rev.4-2003	CXC 1-1969	食品卫生通则国际推荐规程	2020
CAC/RCP 19-1979，Rev.2-2003	CXC 19-1979	食品辐照设备应用推荐操作规程	2003
CAC/RCP 20-1979	CXC 20-1979	国际食品贸易含互惠和食品援助贸易伦理道德规范	2010
CAC/RCP 21-1979		国际婴幼儿食品卫生操作规程	
CAC/RCP 23-1979	CXC 23-1979	低酸和酸化低酸罐头食品推荐卫生操作规程	1993
CAC/RCP 31-1983		国际乳粉卫生操作规程	
CAC/RCP 38-1993		国际推荐的兽药使用管理规程	
CAC/RCP 39-1993	CXC 39-1993	大众餐饮半成品及熟食卫生操作规范	1993
CAC/RCP 40-1993	CXC 40-1993	无菌加工和低酸包装食品卫生操作规程	1993
4. 其他法典文件			
文件检索编号	索引	内容	最新修订
XOT 6-1989	CXA 4-1989	食品和动物饲料分类	1993

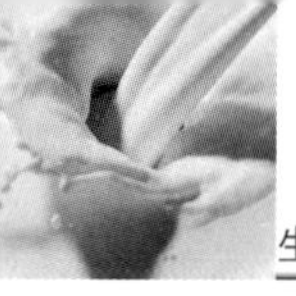

三、国际乳业联合会

国际乳业联合会（International Dairy Federation，IDF）成立于1903年，是一个独立的、非政府的、非营利的民间国际组织，也是乳品行业唯一的世界性组织。它代表世界乳品工业参与国际活动。IDF由比利时发起成立，因此，总部设在比利时首都布鲁塞尔。其宗旨是通过国际合作和磋商，促进国际乳品领域中科学、技术和经济的进步。

IDF现有38个成员国，主要为欧洲国家，以及美国、加拿大、澳大利亚、新西兰、日本和印度等国。1984—1995年中国一直以观察员的身份参加IDF活动，1995年正式加入。

IDF的最高权力机构是理事会。其下设机构为管理委员会、学术委员会和秘书处。学术委员会又设有6个专业委员会。①委员会负责乳品生产、卫生和质量；②委员会负责乳品工艺和工程；③委员会负责乳品行业经济、销售和管理；④委员会负责乳品行业法规、成分标准、分类和术语；⑤委员会负责乳与乳制品的实验室技术和分析标准；⑥委员会负责乳品行业科学、营养和教育。

各成员国均设有国家委员会，负责与IDF联络和沟通。IDF中国国家委员会设在中国乳制品工业协会，秘书处设在黑龙江乳品工业技术开发中心。

IDF积极协调各国乳品行业之间和乳品行业与其他国际组织之间的关系也是IDF的主要工作之一。IDF通过D、E委员会制定自己的分析方法、产品和其他方面的标准，并直接参与ISO、CAC国际标准的制定工作，IDF的标准是ISO、CAC制定有关乳品标准的重要依据。

IDF每年都发行其出版物，主要包括：公报、专题报告集、研讨会论文及简报、书籍、标准。到目前为止，IDF共发行标准180个，其中分析方法标准166个，产品标准8个，乳品设备及综合标准6个。共有125个标准与ISO共同发布。

表1-6　2020年9月IDF标准目录

标准顺序号	年代号	名称
Standard 001D	2010	Milk—Determination of fat content
Standard 002	1958	Selection & number of samples for milk &milk products
Standard 003	1958	Colony count of liquid milk & dried milk
Standard 004	2004	ISO 5534—Cheese and processed cheese—Determination of the total solids content（Reference method）
Standard 005	2004	ISO 1735—Cheese and processed cheese products—Determination of fat content—Gravimetric method（Reference method）
Standard 006	2004	ISO 1740—Milkfat products and butter—Determination of fat acidity（Reference method）
Standard 007A	2006	Determination of the refractive index of fat from butter

（续表）

标准顺序号	年代号	名称
Standard 008	1959	Determination of the iodine value of butterfat
Standard 009C	1987	Dried milk, dried whey, dried buttermilk &dried butter serum—Determination of fat content
Standard 010	1960	Determination of the moisture content of butter
Standard 011A	1986	Butter—Determination of solids-non-fat content
Standard 012	2004	ISO 1738—Butter—Determination of salt content
Standard 013C	2008	Evaporated milk & sweetened condensed milk—Determination of fat content
Standard 014	1960	Milk pipes & fittings
Standard 015B	1991	Sweetened condensed milk—Determination of the total solids content
Standard 016C	2008	Cream—Determination of fat content
Standard 017A	1972	Determination of the salt content of cheese
Standard 018	1962	Standard capacity test for the evaluation of the disinfectant activity of dairy disinfectants
Standard 019	1962	Standard suspension test for the evaluation of the disinfectant activity of dairy disinfectants
Standard 020-1	2014	ISO 8968-1—Milk and milk products—Determination of nitrogen content—Part 1: Kjeldahl principle and crude protein calculation
Standard 020-3	2004	ISO 8968-3—Milk—Determination of nitrogen content—Part 3: Block-digestion method（Semi-micro rapid routine method）
Standard 020-4	2016	ISO 8968-4—Milk and milk products- Determination of nitrogen content—Part 4: Determination of protein and non-protein nitrogen content and true protein content calculation（Reference method）
Standard 021B	1987	Milk, cream & evaporated milk—Determinationof total solids content
Standard 022B	2008	Skimmed milk，whey & buttermilk—Determination of fat content
Standard 023	2009	ISO 5536—Milkfat products—Determination of water content—Karl fischer method
Standard 024	1964	Determination of the fat content of butteroil
Standard 026	2004	ISO 5537—Dried milk—Determination of moisture content（Reference method）
Standard 027	1964	Determination of the ash content of processed cheese products
Standard 028A	1974	Determination of the lactose content of milk
Standard 029-1	2004	ISO 17997-1—Milk—Determination of casein-nitrogen content—Part 1: Indirect method（Reference method）
Standard 029-2	2004	ISO 17997-2—Milk—Determination of casein-nitrogen content—Part 2: Direct method
Standard 030	1964	Count of contaminating organisms in butter
Standard 031	1964	Count of yeasts &moulds in butter
Standard 032	1965	Detection of vegetable fat in milkfat by the phytosteryl acetate test
Standard 033C	2010	Cheese & processed cheese products—Determination of total phosphorus content

（续表）

标准顺序号	年代号	名称
Standard 034	2006	ISO 2963—Cheese and processed cheeseproducts—Determination of citric acid content—Enzymatic method
Standard 035	2004	ISO 2911—Sweetened condensed milk—Determination of sucrose content—Polarimetric method
Standard 036A	2010	Milk—Determination of calcium content
Standard 037	1966	Determination of soluble & insoluble volatilefatty acid values of milkfat
Standard 038	1966	Detection of vegetable fat in milkfat by thinlayerchromatography of steryl acetates
Standard 039	1966	Standard routine method for the count of coliform bacteria in raw milk
Standard 040	1966	Standard routine method for the count of coliform bacteria in pasteurized milk
Standard 041	1966	Standard method for the count of lipolyticorganisms
Standard 042	2006	ISO 9874—Milk—Determination of total phosphorus content—Method using molecular absorption spectrometry
Standard 043	1967	Determination of the lactose content of cheese& processed cheese products
Standard 044	1967	Tube test for the evaluation of detergent disinfectants for dairy equipment
Standard 045	1969	Compositional standards for casein（edible &industrial）
Standard 046	1969	Compositional standard for ice-cream &milkices（edible ices）produced from milk & milk products
Standard 047	1969	Compositional standard for fermented milk
Standard 048	1969	Control methods for sterilized milk
Standard 049	1970	Colony count of dried milk & whey powder
Standard 050C	2008	Milk and milk products—Guidance on methods of sampling
Standard 051B	2013	Processed cheese products—Calculation of content of added phosphate expressed as phosphorus
Standard 052A	2006	Processed cheese products—Determination of content of added citrate emulsifying agents（expressed as citric acid）by calculation
Standard 053	1969	Determination of the phosphatase activity inpasteurized stabilized cheese
Standard 054	1970	Detection of vegetable fat in milkfat by gasliquid chromatography of sterols
Standard 055	1970	Refrigerated farm milk tanks
Standard 056B	1978	Milking machine installations—Vocabulary
Standard 058	2004	ISO 2920—Whey cheese—Determination of dry matter（Reference method）
Standard 059A	2008	Whey cheese—Determination of fat content
Standard 061	1971	Ice cream & milk ices—Colony count
Standard 062	1971	Ice cream & milk ices—Count of coliformbacteria
Standard 063	2009	Milk & milk powder, buttermilk & buttermilk powder, whey & whey powder—Determination of phosphataseactivity
Standard 064	1971	Dried milk & dried whey—Count of coliforms
Standard 065	1971	Fermented milks—Count of coliforms
Standard 066	1971	Fermented milks—Count of microbial contaminants

（续表）

标准顺序号	年代号	名称
Standard 067	1971	Fermented milks—Count of yeasts & moulds
Standard 067	1971	Fermented milks—Count of yeasts & moulds Abstract（Superseded by Standard 94B）
Standard 069	2005	ISO 8069—Dried milk—Determination of content of lactic acid and lactates
Standard 070	2004	ISO 3728—Ice-cream and milk ice—Determination of total solids content（Reference method）
Standard 071	1973	Dried milk borersAbstract
Standard 072	1974	Edible caseinate
Standard 073B	1998	Milk & milk products—Enumeration of coliforms
Standard 074	2006	ISO 3976—Milk fat—Determination of peroxidevalue
Standard 075C	2009	Milk and milk products—Recommendedmethods for determination of organo-chlorine compounds（pesticides）
Standard 076	2004	ISO 5738—Milk and milk products—Determination of copper content—Photometric method（Reference method）
Standard 077	1977	Standard procedure for testing the corrosiveness of detergents and/or sterilants on metals &alloysintended for use in contact with milk & milk products
Standard 078C	2006	Caseins and caseinates—determination of the watercontent（Reference method）
Standard 079-1	2002	ISO 5765-1—Dried milk, dried ice-mixes and processed cheese—Determination of lactose content—Part 1: Enzymatic method utilizing the glucose moiety of the lactose
Standard 079-2	2002	ISO 5765-2—Dried milk, dried ice-mixes and processed cheese—Determination of lactose content—Part 2: Enzymatic method utilizing the galactose moiety of the lactose
Standard 080-1	2001	ISO 3727-1—Butter—Determination of moisture, non-fat solids and fat contents—Part 1: Determination of moisture content（Reference method）
Standard 080-2	2001	ISO 3727-2—Butter—Determination of moisture，non-fat solids and fat contents—Part 2: Determination of non-fat solids content（Reference method）
Standard 080-3	2003	ISO 3727-3—Butter—Determination of moisture, non-fat solids and fat contents—Part 3: Calculation of fat content
Standard 081	1981	Dried milk—Determination of titratable acidity
Standard 082	2004	ISO/TS 6090—Milk and dried milk, buttermilk and buttermilk powder，whey and whey powder—Detection of phosphatase activity
Standard 083	2006	ISO 8870—Milk and milk-based products—Detection of thermonuclease produced by coagulase-positive staphylococci
Standard 084A	1984	Cheese—Determination of nitrate & nitrite contents
Standard 085	1978	Standard procedure involving alternate
Standard 086	2010	Dried milk—Determination of titratable acidity
Standard 087	2014	Instant dried milk—Determination of the dispersibility& wettability
Standard 088	2006	ISO 5943—Cheese and processed cheeseproducts—Determination of chloride content—Potentiometrictitration method

（续表）

标准顺序号	年代号	名称
Standard 089	2008	Caseins & caseinates—Determination of “fixedash”
Standard 090	2008	Rennet caseins & caseinates—Determination of ash
Standard 091	2008	Caseins—Determination of free acidity
Standard 092	1979	Caseins & caseinates—Determination of protein content
Standard 093	2001	ISO 6785—Milk and milk products—Detection of *Salmonella* spp.
Standard 094	2004	ISO 6611—Milk and milk products—Enumeration of colony-forming units of yeasts and/or moulds—Colony-count technique at 25 degrees C
Standard 095A	1984	Dried milk—Determination of nitrate & nitrite contents
Standard 096A	1987	Whey cheese—Determination of nitrate & nitrite contents
Standard 097A	1984	Whey powder—Determination of nitrate & nitrite contents
Standard 098A	1985	Milk—Determination of protein content
Standard 099C	2009	Sensory evaluation of dairy products by scoring
Standard 100B	1991	Milk & milk products—Enumeration ofmicroorganisms
Standard 101	2005	ISO 6730—Milk—Enumeration of colony-forming units of psychrotrophic micro-or-ganisms—Colony-count technique at 6.5 degrees C
Standard 102A	1989	Dried milk—Guideline for the detection of neutralizers
Standard 103A	2010	Milk & milk products—Determination of the iron content
Standard 104	2004	ISO 7238—Butter—Determination of the pH of the serum—Potentiometric method
Standard 105	2008	Milk—Determination of fat content
Standard 106	2004	ISO 5548—Caseins and caseinates—Determination of lactose content—Photometric method
Standard 107	2003	ISO 5739—Caseins and caseinates—Determination of contents of scorched particles and of extraneous matter
Standard 108	2009	Standard 108 2002 /ISO 5764—Milk—Determination of freezing point—Thermistor cryoscope method (Reference method)
Standard 109	1982	Dried milk，dried whey & lactose—Enumeration of microorganisms
Standard 110B	2012	Calf rennet & adult bovine rennet—Determination of chymosin & bovine pepsin contents
Standard 111A	1990	Milk and dried milk—Determination of aflatoxin M_1 content
Standard 112A	1989	Butter—Determination of water dispersionvalue
Standard 113	2004	ISO 5538—Milk and milk products—Sampling—Inspection by attributes
Standard 114	1982	Dried milk—Assessment of heat class
Standard 115A	2010	Caseins & caseinates—Determination of pH
Standard 116A	2008	Milk—based edible ices & ice mixes—Determination of fat content
Standard 117	2003	ISO 7889—Yoghurt—Enumeration of characteristic microorganisms
Standard 118	1984	Dried milk—Determination of nitrate content
Standard 119A	2007	Dried milk—Determination of sodium &potassium contents
Standard 120	1984	Caseins & caseinates—Determination of nitrate& nitrite contents

（续表）

标准顺序号	年代号	名称
Standard 121	2004	ISO 8086—Dairy plant—Hygienic conditions—General guidance on inspection and sampling procedures
Standard 122	2010	ISO 6887-5—Microbiology of food and animal feeding stuffs—Preparation of test samples, initial suspension and decimal dilutions for microbiological examination—Part 5: Specific rules for the preparation of milk and milk products
Standard 123A	2008	Milk—based infant foods—Determination of fat content
Standard 124-1	2005	ISO 8262-1—Milk products and milk-based foods—Determination of fat content by the Weibull-Berntrop gravimetric method (Reference method)—Part 1: Infant foods
Standard 124-2	2005	ISO 8262-2—Milk products and milk-basedfoods—Determination of fat content by the Weibull-Berntropgravimetric method (Reference method)—Part 2: Edible ices and ice-mixes
Standard 124-3	2005	ISO 8262-3—Milk products and milk-basedfoods—Determination of fat content by the Weibull-Berntropgravimetric method (Reference method)—Part 3: Special cases
Standard 125A	1988	Edible ices & ice mixes—Determination of fat content
Standard 126A	1988	Milk products & milk-based foods (specialcases)—Determination of fat content
Standard 127	2004	ISO 5543—Caseins and caseinates—Determination of fat content—Gravimetric method (Reference method)
Standard 128A	2009	Milk—Definition & evaluation of the overallaccuracy of indirect methods of milk analysis
Standard 129	2005	ISO 8156—Dried milk and dried milk products—Determination of insolubility index
Standard 129A	1988	Dried milk & dried milk products—Determination of insolubility index
Standard 130A	2009	Milk and milk products—Determination of polychlorinated biphenyls
Standard 131	2004	ISO 8553—Milk—Enumeration of microorganisms—Plate-loop technique at 30 degrees C
Standard 132	2019	ISO 17410—Microbiology of the food chain—Horizontal method for the enumeration of psychrotrophic microorganisms
Standard 133A	2006	Canned evaporated milk，caseins andcaseinates—Determination of lead content
Standard 134	2005	ISO 8967—Dried milk and dried milk products—Determination of bulk density
Standard 135B	1991	Milk and milk products—Precisioncharacteristics of analytical methods
Standard 136A	1992	Milk and milk products—Sampling—Inspectionby variables
Standard 137	1986	Butter—Determination of water content
Standard 138	1986	Dried milk—Enumeration of Staphylococcusaureus.
Standard 139	2008	Milk, dried milk, yogurt & other fermented milks. Determination of benzoic & sorbic acid contents
Standard 140A	2007	Cheese and cheese rind—Determination of natamycin content
Standard 141C	2013	Whole milk—Determination of milkfat，protein& lactose content—Guide for the operation of mid-infra-redinstruments

（续表）

标准顺序号	年代号	名称
Standard 142	2009	Dried skimmed milk—Determination of vitamin A content(colorimetric and HPLC methods)
Standard 143A	1995	Milk and milk products—Detection of Listeriamonocytogenes
Standard 144	1990	Milk & milk products—Determination of contents of organophosphorus compounds
Standard 145A	1997	Milk and milk-based products—Enumeration of Staphylococcus aureus
Standard 146	2003	ISO 9232—Yoghurt—Identification of characteristic microorganisms(*Lactobacillus delbrueckii* subsp. *bulgaricus* and *Streptococcus thermophilus*)
Standard 147B	2007	Heat treated milk—Determination of lactulosecontent
Standard 148A	2008	Milk—Enumeration of somatic cells
Standard 149A	2010	Dairy starter cultures of lactic acid bacteria(LAB)—Standard of identity
Standard 150	1991	Yogurt—Determination of titratable acidity
Standard 151	2005	ISO 13580—Yogurt—Determination of total solids content (Reference method)
Standard 152A	1997	Milk and milk products—Determination of fat content
Standard 153	2002	ISO 13559—Butter, fermented milks and freshcheese—Enumeration of contaminating microorganisms—Colony-count technique at 30 degrees C
Standard 154	1992	Milk and dried milk—Determination of calciumcontent
Standard 155	2016	ISO 11816-2—Milk and milk products—Determination of alkaline phosphatase activity—Part 2: Fluorimetric method for cheese
Standard 156A	2010	Milk and milk products—Determination of zinccontent
Standard 157A	2007	Bovine rennets—Determination of total milk—clotting activity
Standard 158	1992	Guidelines for the preparation and use of export certificates for milk and milk products
Standard 159	2006	ISO 12078—Anhydrous milk fat—Determination of sterol composition by gas liquid chromatography (Reference method)
Standard 160	2005	ISO/TS 9941—Second Edition—Milk andcanned evaporated milk—Determination of tin content—Spectrometric method
Standard 161A	1995	Milk—Quantitative determination of bacteriological quality
Standard 162	2002	ISO 11814—Dried milk—Assessment of heattreatment intensity—Method using high-performance liquid chromatography
Standard 163	1992	General standard of identity for fermented milks
Standard 164	1992	General standard of identity for milk productsobtained from fermented milks heat-treated after fermentation
Standard 165	1993	Butteroil—Determination of contents of antioxidants
Standard 166	1993	Guidelines for fat spreads
Standard 167	2009	Milk and dried milk—Determination of iodidecontent
Standard 168	2002	ISO 14377—Canned evaporated milk—Determination of tin content—Method using graphite furnace atomic absorption spectrometry

（续表）

标准顺序号	年代号	名称
Standard 169-1	2005	ISO 14461-1—Milk and milk products—Qualitycontrol in microbiological laboratories—Part 1: Analyst performance assessment for colony counts
Standard 169-2	2005	ISO 14461-2—Quality control inmicrobiological laboratories—Part 2: Determination of the reliability of colony counts of parallel plates and subsequent dilution steps
Standard 170-1	2005	ISO 11866-1—Milk and milk products—Enumeration of presumptive Escherichia coli—Part 1Mostprobablenumber technique using 4-methylumbelliferyl-beta-D-glucuronide (MUG)
Standard 170-2	2005	ISO 11866-2—Milk and milk products—Enumeration of presumptive Escherichia coli—Part 2: Colony-counttechnique at 44 degrees C using membranes
Standard 171	2007	Milk and milk powder—Determination of aflatoxin M_1 content
Standard 172	2001	ISO 14156—Milk and Milk products—Extraction methods for lipids and liposoluble compounds
Standard 173	2002	ISO 15323—Dried milk protein products—Determination of nitrogen solubility index
Standard 174	2009	Instant whole milk powder—Determination of white flecks number
Standard 175	2004	ISO 11285—Milk—Determination of lactulose content—Enzymatic method
Standard 176	2012	ISO 15174—Milk and Milk products—Microbialcoagulants—Determination of total milk-clotting activity
Standard 177	2002	ISO 14892—Dried skimmed milk—Determination of vitamin D content using high-performance liquid chromatography
Standard 178	2005	ISO 13875—Liquid milk—Determination of acid- solublebeta-lactoglobulin content—Reverse-phase HPLC method
Standard 179	2004	ISO 15648—Butter—Determination of salt content—Potentiometric method
Standard 180	2006	Mesophilic starter cultures—Enumeration of citrate fermenting lactic acid bacteria
Standard 181	1998	Dried Milk Products—Enumeration of bacillus cereus
Standard 182	2002	ISO 15884—Milkfat—Preparation of fatty acidmethylesters
Standard 183	2003	Guidance for the standardized evaluation of microbial inhibitor tests
Standard 184	2002	ISO 15885—Milkfat—Determination of the fattyacid composition by gas-liquid chromatography
Standard 185	2002	ISO 14891—Milk and milk products—Determination of nitrogen content—Routine method using combustion according to the Dumas principle
Standard 186	2003	ISO 14675—Milk and milk products—Guidelines for a standardized description of competitive enzyme immunoassays—Determination of aflatoxin M1 content
Standard 187	2005	ISO 16305—Butter—Determination of firmness
Standard 188	2003	ISO 18330—Milk and milk products—Guidelines for the standardized description of immunoassays or receptor assays for the detection of antimicrobial residues

（续表）

标准顺序号	年代号	名称
Standard 189-1	2004	ISO 14673-1—Milk and milk products—Determination of nitrate and nitrite contents—Part 1: Method using cadmium reduction and spectrometry
Standard 189-2	2004	ISO 14673-2—Milk and milk products—Determination of nitrate and nitrite contents—Part 2: Method using segmented flow analysis (Routine method)
Standard 189-3	2004	ISO 14673-3—Milk and milk products—Determination of nitrate and nitrite contents—Part 3: Method using cadmium reduction and flow injection analysis with in-line dialysis (Routine method)
Standard 190	2005	ISO 14674—Milk and milk powder—Determination of aflatoxin M_1 content—Clean-up by immunoaffinity chromatography and determination by thin-layer chromatography
Standard 191-1	2004	ISO 8851-1—Butter—Determination of moisture, non-fat solids and fat contents (Routine methods)- Part 1: Determination of moisture content
Standard 191-2	2004	ISO 8851-2—Butter—Determination of moisture, non-fat solids and fat contents (Routine methods)—Part 2: Determination of non-fat solids content
Standard 191-3	2004	ISO 8851-3—Butter—Determination of moisture, non-fat solids and fat contents (Routine methods)—Part 3: Calculation of fat content
Standard 192	2006	ISO 20128—Milk products—Enumeration of presumptive Lactobacillus acidophilus on a selective medium—Colony-count technique at 37 degrees C
Standard 193	2004	ISO 18329—Milk andmilk products—Determination of furosine content—Ion-pair reverse-phase high-performance liquid chromatography method
Standard 194	2003	ISO 17189—Butter, edible oil emulsions and spreadable fats—Determination of fat content (Reference method)
Standard 195	2004	ISO 14637—Milk—Determination of urea content—Enzymatic method using difference in pH (Reference method)
Standard 196	2021	ISO 21187—Milk—Quantitative determination of microbiological quality—Guidance for establishing and verifying a conversion relationship between results of an alternative method and anchor method results
Standard 200	2006	ISO 18252—Anhydrous milk fat—Determinationof sterol composition by gas liquid chromatography (Routine method)
Standard 203	2005	ISO 15322—Dried milk and dried milk products—Determination of their behaviour in hot coffee (Coffee test)
Standard 210	2017	ISO 22964—Microbiology of the food chain—Horizontal method for the detection of *Cronobacter* spp.

四、欧盟的食品质量安全管理

欧洲是传统的畜牧业发达地区。欧盟是全球最重要的乳制品出口地之一，牛乳产量占全球总产量的30%以上。欧盟对乳制品的质量安全控制相当重视，在成立必要的协调机构基础上，实施了以统一的标准为中心的食品质量安全配套管理措施。

1. 完善的质量控制管理机构

2001年，欧盟成立了欧盟食品安全管理局，主要负责监视整个食品链，根据科学的证据做出风险评估，为制定法规提供依据；其次是欧盟食品安全快速报警体系，由各成员国食品安全管理局组成，专门处理食品质量安全危机的防范与补救问题；此外，各国有完善的畜牧业技术服务和兽医防疫检疫与保健组织，在欧盟共同的畜牧业政策和法规下又结合各国具体的特点开展自己的畜牧业服务工作。

2. 实施严格而统一的质量安全标准

欧盟成员国内涉及畜牧产品的质量管理标准很多，主要包括卫生标准、安全标准，如对于肉类产品，欧盟规定了从第三国进口肉类的兽医检疫标准和有关动物检疫及屠宰场的指令，它要求第三国的屠宰场必须符合其规定的卫生要求并经欧盟委员会指派的兽医专家考察，向欧盟注册并授予兽医卫生编号后才能向其出口。还要求出口国定期向其提供动物疫情报告，欧盟依据出口国的兽医卫生状况发布允许向欧盟出口的第三国名单。所有的畜产品必须经检疫检验部门贴上“CE”标志后才能上市交易。近年来，由于疯牛病、口蹄疫在欧洲的蔓延，欧盟更加强化了畜产品质量安全控制标准。适用于畜产品的一个更具体又必须强制实施的标准是HACCP标准，并在1996年开始实施欧盟食品卫生法中做出规定，该法要求畜产品生产和加工企业必须认识到生产的各个环节都应注意质量安全，并确保在危害分析和控制关键点（Hazard Analysis and Critical Control Point，HACCP）系统上建立、实施、维持和修正适当的畜产品安全措施。畜禽饲养、畜产品加工、处理、包装、运输或经销直至消费的各个环节都可能产生质量安全问题，都必须进行质量安全的控制。

欧盟各成员国在原料乳质量方面还没有发生重大事故，但各成员国原料乳质量标准的要求差异较大。一般地，原料乳的质量分成3个等级，安全质量项目包括菌落总数、抗生素、体细胞和冰点，在成员国中以冰岛最严，意大利和西班牙较松。欧盟各成员国的乳制品质量普遍较高，但南欧诸国市售牛乳中仍存在相当部分的还原奶，尤以意大利、西班牙为甚，还原奶在市售牛乳中的含量为20%~60%，并不制造还原奶高于60%或低于20%的市售牛乳。因此欧盟内部面临着统一协调原料乳安全质量的问题，目前已进行了一系列工作，希望通过建立HACCP制度能有效且一致地被成员国所普遍采用。

欧盟的乳制品生产卫生控制主要依据以下法规：1993年欧盟颁布的《通用食品卫生规定》（93/43/EEC）中运用HACCP的部分原理建立食品安全控制体系；2000年公布的《欧洲食品安全白皮书》中将危害分析、关键点控制等HACCP的基本原理作为控制食品安全

的重要手段；2002 年 2 月 21 日，欧盟在《通用食品卫生规定》的基础上制定的《通用食品法》正式生效，这是为了统一各成员国的食品安全法规而建立的新法令，包括了“从农场到餐桌”的所有生产销售环节的细节性要求，是一个全面的食品法案。其中更进一步的确认了 HACCP 的重要意义，要求欧盟各成员国的食品生产销售企业要全面的应用 HACCP 的原理来建立质量安全控制体系。

3. 十分重视畜牧业卫生的环保控制

欧盟制定了畜牧业和畜产品的环保标准，英国、丹麦等国家把动物产品的有害物质残留、新鲜度和其他有害物质的控制标准作为动物卫生管理范围。科学规范地处理动物排放物和病死牲畜，并且动物的养殖物、污水排放、残留物等都必须符合欧盟统一的标准。

4. 建立食品信息的可追踪系统

食品信息的可追踪系统，是利用现代信息管理技术给每件商品标上号码、保存相关的管理记录，从而可以对其各环节进行追踪的系统。例如，为了保持消费者对牛肉的信心并消除误解，有必要建立一个法律框架以向消费者提供足够清晰的产品标识信息，同时在生产环节对牛建立有效的验证和注册体系。这一体系包括：牛耳标签、电子数据库、动物护照、企业注册等。为应对疯牛病（BSE）问题，欧盟于 1997 年开始逐步建立了食品信息可追踪系统，以作为畜产品质量安全控制的重要手段。按照欧盟《通用食品法》的规定，食品、饲料、供食品制造用的家畜，以及与食品、饲料制造相关的物品，其在生产、加工、流通的各个阶段必须确立食品信息可追踪系统。该系统对各个阶段的主体做了规定，以保证可以确认以上的各种提供物的来源与方向。可追踪系统能够从生产到销售的各个环节追踪检查产品，有利于监测任何对人类健康和环境的影响。如果，一旦发生不可预测的不良影响，需要将产品撤出市场时，可追踪性是十分必要的。还可以在危险发生之前采取应对措施，从而达到预防效果。

5. 先进的科技和严格的管理

素有“猪肉王国”之称的丹麦，畜牧业得到空前发展的成功秘诀主要在于在生产各环节坚持极其严格的兽医卫生标准，将畜牧业科学研究与严格管理结合起来。以其养猪业为例，种猪的选用都经过非常严格的程序，仔猪的饲养、猪的屠宰加工直到制成罐头，生产的全过程都有高标准的质量与卫生监督和质量控制。丹麦对不同的猪都规定了统一的饲养方法和饲料成分，这不仅便于防疫管理，确保猪的健康和质量，而且打通了出口渠道，同时，丹麦农场主还特别重视精心选育良种，科学饲养，从而为提高畜产品的质量提供了条件。

五、美国食品质量安全管理体系

美国畜牧业高度发达，也是资金和技术密集的产业。20 世纪 90 年代以来，其畜产品产量占世界产量的比重一直维持在 20%左右，2000 年肉类产量占世界总产量的 18%，其中牛肉占世界总产的20%，猪肉占世界总产的14%，禽肉占世界总产的23%，奶类产量占世界总产的19%，蛋类产量占世界总产的12%；畜产品出口已占国内消费量的10%左右，其中肉类出口占世界出口的15%，奶类出口占世界出口的3%，蛋类出口占世界出口的8%~9%。畜牧业产值在全美农业产值中所占比重为45%左右。美国畜产品产量大，竞争力强，多数年份的出口量大于进口量。这与美国大力推进畜产品出口，和推进畜牧农场规模化、工业化是分不开的，更与其畜产品质量安全综合管理机制的实施分不开。美国的食品供应是世界上最安全的，这主要是由于美国实行机构联合监管制度，在每一个层次（地方、州和全国）监督食品生产与流通。美国的畜产品安全综合管理机制包括以下重要内容。

1. 健全的畜产品质量安全法律、法规、标准体系

美国国会通过法律的制定来确保食品供应安全，国会授权行政机构执行这些法令，当这些协议、条例和政策的实施引起争议时，由司法机构负责做出公正的判决。基于预防和以科学为根据的风险分析基础上，在食品安全方面，美国制定的主要法令包括：联邦食品、药物、化妆品法，联邦肉类检验法，禽类产品检验法，蛋类产品检验法，食品质量保护法，公众健康保护法。为了保证法律得到正确有效的实施，管理机构必须遵守的程序法包括：行政管理程序法、联邦咨询委员会法、新闻自由法。畜牧立法是政府制定畜牧业政策、实施畜牧业计划的基础，后者必须以法律为依据，亦即政府行为只能限定在法律规定的范围之内。

制定质量标准体系是保障畜产品质量安全的又一措施，美国已制定了畜产品质量等级标准、畜产品进出口检疫检验、畜产品生产环节控制等的法规文件，形成了比较完善的指导畜牧业发展和畜产品质量安全管理的体系。美国在产品质量标准的制定初始就注重与国际接轨，美国食品管理人员通过定期与CAC、WHO、FAO、国际兽医局（OIE）等进行交流，了解前沿的知识，融入国际标准行列和适应国际市场要求。同时又结合本国或地区的具体情况加以细化，既符合本地实际情况，又具有可操作性。

美国在乳制品行业中实行的强制性法规是“A级巴氏灭菌奶法令”（Grade “A” Pasteurized Milk Ordinance，PMO）。该法规包括：对A级乳及乳制品的生产、运输、加工、处理、取样、检查、贴标签及销售；对奶场、收购站、中转站、奶罐车清洗设备、奶罐车、散装奶搬运工和检验员的检查；对奶生产商、散装奶搬运工和检验员、奶罐车、奶运输公司、奶厂、收购站、中转站、奶罐车清洗设备、搬运工、销售商的许可证颁发和撤销；以及相应的处罚条例。PMO是一个覆盖从农场到餐桌乳制品生产销售各环节全过程的全面的法规体系，它已经成为乳制品行业中最受尊重的法规。1938年美国的奶源性疾病占到所有食源性疾病总数的25%，然而目前这一数据下降到不足1%，其中PMO的颁布执行功不可没。但是多年的实践证明，尽管PMO对控制乳制品安全是有效的，却还不能把所有奶源性疾病完全控制住。

2. 对畜产品生产、加工、储运、销售过程进行全程控制

畜产品质量安全方面，美国已建立了包括养殖、加工、运输、储存诸环节在内的全程控制的畜产品质量安全控制体系。以生猪生产为例，为加强生产环节的质量控制，早在1989年，美国国家猪肉生产者委员会制定了猪肉质量保障（简称PQA，后用简称）体系，其目的是通过对养猪生产者提供教育和培训，来克服猪肉中药物残留严重超标问题，进而向消费者提供放心产品。目前，90%的生产者、占年屠宰量85%的生猪均已加入PQA体系。为保障加工缓解的质量控制，1996年7月，美国农业部发布了关于肉类和禽类加工产品的新规定，以及关于企业和检测人员进行检测的新程序，该体系的内容主要包括：所有联邦和州检验的肉类和禽类的屠宰加工厂，必须制订HACCP计划来监督和控制生产操作过程；所有联邦和州的受监督的畜产品和禽类产品生产企业，必须制定书面的操作程序卫生标准，它表明企业如何达到规定的日常卫生标准；美国农业部食品安全检验局（PSIS）检测未加工的畜产品和禽类产品中的沙门氏菌，来验证控制是否达到沙门氏菌所要求的标准；屠宰企业检测屠宰后的胴体大肠类病菌，以验证是否有效地预防和消灭了由排泄物可能导致的病菌感染。在这一体系中一改传统重在引起危害后的检测，变为重在预防加工中肉类和禽类产品受到的污染，保证肉类加工过程中的安全、无污染。在销售环节，对于一些较大数量的购买者，如医院、学校、餐馆、宾馆、航空公司、军队等，对其所需要的产品进行认证，通过认证确保只有符合他们要求的产品得以提供。美国各类产品标准均对运输、储藏过程进行了详细的规定，以保障产品的质量与卫生、安全。

伴随着HACCP体系在肉类、家禽、水产品以及果汁中的成功应用，将HACCP运用到乳制品行业中已经成为可能。1999年，美国国家州际奶运输协会the National Conference on Interstate Milk Shipments（简称NCIMS）发动了一个乳制品企业自愿参与的乳制品HACCP示范计划。所有州的所有A级乳制品工厂都可以自愿参与到该计划中，目前该计划包括了10个州的15个工厂。该计划由NCIMS的HACCP委员会负责推广，美国食品药品监督管理局（FDA）的职责就是对该计划进行监督并提供一定的技术支持。该计划的推广，是为了扭转现有的乳制品行业中的政府单方面控制产品安全的局面，使更多的企业可以主动地加入自我调控、自我监督产品质量的队伍中，将被动应付检查转变为主动的提高食品安全性。因此，政府对参与该项目的企业提供了一些优惠政策。比如，虽然目前参与该计划的企业仍然要执行PMO中的一系列要求，但是可以相对地延长审核周期，过去PMO要求对企业每3个月进行一次审核，而HACCP示范计划只需要每4个月审核一次，并且从第二年开始延长到每6个月审核一次；实行HACCP示范计划对乳制品工厂高温灭菌设备的检查也相对较为宽松。NCIMS的HACCP委员会希望能将所有出现在PMO中的食品安全控制方法也都出现在这个HACCP计划中，使HACCP和PMO一样给消费者提供相同的安全保证。NCIMS的HACCP委员会还提出HACCP示范计划是否能考虑将这种可选择的自愿的HACCP作为一个附件加入PMO中去。

3. 严密的畜产品质量安全管理组织机构体系

美国负责食品安全的主要机构有卫生部（DHHS）下的FDA、美国农业部（USDA）的食品安全检验署（FSIS）、动植物卫生检验署（APHIS）及美国环境保护署（EPA）。

FDA负责保护消费者免受掺杂、不安全和虚假标贴的食品危害，管辖的食品范围是除FSIS管辖范围之外的所有食品。FSIS则负责确保肉、禽和蛋制品安全、卫生和正确标识。EPA的任务包括保护消费者免受农药带来的危害，改善有害生物管理的安全方式。任何食品或饲料中含有FDA不允许的食品添加剂或兽药残留，或含有EPA没有规定限量的农药残留或农药残留限量超过规定的限量，法规都不允许其上市场。而APHIS在美国食品安全网中的主要角色是防止植物和动物的有害生物和疾病。

除了联邦畜产品检测体系外，美国还有各州畜产品检测体系，各行业协会质量监测体系以及各畜牧业生产单位、家庭农场主质量自检中心。美国农业部主要从技术、规划与发展等方面提供支持，也要对畜牧业发展和其产品质量安全予以管理和控制，换句话说，就是从“田间到餐桌”的控制与管理，由此形成了较为严密的畜产品质量安全网络组织体系。

4. 强化生产源头控制和进出口检疫

美国以家庭农场为基本生产单位生产的畜产品，要通过质量认证体系和标准等级制度的严格控制和管理，才能进入市场。质量低、效益不佳的家庭农场被市场淘汰，质量好、安全高的畜牧业农场就得到快速发展。同时，美国玉米、小麦等谷物产量丰富，饲料生产原料有保障，饲料成分主要是粮食，很少使用肉骨粉，因此，饲料质量高。畜产品的进出口，均要通过联邦海关和动植物检疫机构进行严格检疫监测，检疫检验不合格的畜产品坚决予以销毁，保证了畜产品的进出口安全。

5. 注重资金投入和畜牧技术推广

在质量安全管理的研究中，联邦和州政府都十分重视资金的投入，畜产品质量安全管理的资金投入占整个畜牧业资金投入的5%左右，通过研究出新的检疫检测检验技术和质量安全控制技术来更新过时的检疫检测技术、设施。与此同时，美国还十分注重畜牧业的教育、良种培育、选育、技术推广工作，利用现代化生物工程和基因技术改良品种，提高畜产的质量。

六、加拿大的畜产品质量安全管理措施

加拿大以全面实施畜产品质量安全管理标准为核心，提高畜禽产品的竞争力。

1. 重视法律法规及标准

为此，制定了产品的分类、产品质量分类（食品安全与健康分类）、有机农业的相关标准、农药残留物标准、农业生态标准、农业投入品及其合理使用、农产品进出口规定、生产技术规范等。在产品质量分类标准中规定，只要是用于境内省际贸易、出口或进口的

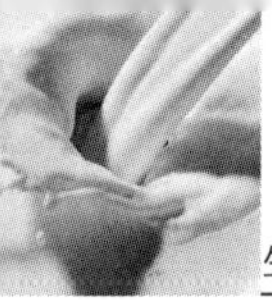

农产品，都必须符合一定的产品质量标准。对牲畜、乳酪等产品都制定了细致全面、可操作性强的等级标准。对于食用农产品还必须符合《食品药品条例》中的食品卫生和安全要求，该要求主要涉及食品添加剂、营养成分标签和要求、食品微生物、射线辐射食品、化学残留物或其他食品污染等方面的内容。在生产技术规范中，加拿大政府和畜牧业界制定了规范家畜和家禽生产、销售、运输和加工的标准——《饲养实践推荐规范》，该规范对棚舍、饲料、饮用水、健康照顾、喂养、动物个体识别、处理和监管、运输、销售场所和处理设施、以及紧急处置程序等方面规定了可接受的标准，该规范已得到国际各界的广泛认可。这些标准，不仅可以规范本国的生产与流通，而且有些还作为制定国际标准的范本。由于实施了严格的畜产品质量标准，不仅促进了加拿大畜牧业劳动生产力的提高，还大大提高了加拿大畜牧业在国际市场上的竞争能力。

2. 政府管理科学有效

为保障制定的标准能够得以实施，加拿大联邦政府设有农业食品部，各省有农业食品局。联邦农业食品部负责促进农、畜产品的可持续增长和农村经济的持续发展，实现资源和环境的保护和合理开发利用，保证食品的优质安全供给。农业食品部还设有食品检验检疫局、农场与草原恢复管理局、市场与产业服务局。食品检验检疫局负责农产品、畜产品的质量检验和检疫，制定有关食品安全、质量、成分、标签等的标准，减少或控制动植物疾病；农场与草原恢复管理局负责草原的保护与开发利用，促进草原省份农业、畜牧业经济的稳定增长，实施水土保持；市场与产业服务局为加拿大农业和食品行业制定规划并提供服务。加拿大卫生部、环境部、自然资源部、外交与国际贸易部等也参与农业、畜牧业和食品生产、加工、流通、消费管理。

在乳制品质量保障方面，加拿大对液体奶和在本省出售的乳制品的食品安全的检验由该省政府执行，联邦政府管理省际和国际的乳制品交易。加拿大大多数的液体奶工厂和一些较小的乳酪工厂，如果他们针对本地市场或全省的市场，则由省政府负责管理他们的食品安全问题，其他的大多数乳制品工厂由联邦政府检查，以确保他们合乎《加拿大农产品市场法和管理条例》的规定。

加拿大食品检验局主要执行联邦政府对各种食品的要求，但同时该部门也在和省级政府的共同努力下，制定了《全国奶制品法规》。该法规致力于建立一个全国认可的统一协调的食品安全标准，为各种乳制品提供一套标准。

为了更好地保障乳制品的质量，1997 年，加拿大的奶场经过长时间的研究，组织了一批专家编写了“加拿大乳制品农场奶和肉质量保障计划”（CDFMMQA），并于 2001 年开始正式实施。该计划就是以 HACCP 的原理为基础建立的，它提出的口号就是“预防永远好过补救”。现在，在加拿大的农场，HACCP 已经开始成为一种标准。19 个大型奶场已经通过 HACCP 的检验，还有 55 家也在申请中。此外，加拿大食品检查局为了推动 HACCP 的发展应用而开展的“食品安全提高计划”（FSEP）中就鼓励在联邦注册的乳制品、肉制品、水果蔬菜、蜂蜜等食品企业建立 HACCP 体系。目前，加拿大全国 324 家乳制品企业中已经有 52 家参加了该计划，并通过了 HACCP 审核。由于实施了严格的畜产品质量标准，不仅促进了加拿大畜牧业劳动生产力的提高，也大大提高了加拿大畜牧业在国际市场上的竞争能力。加拿大的乳制品在国际上历来以品质卓越而著称，其乳制品远销包括美国、英国、德国、西班牙，日本、巴西、澳大利亚、伊朗、意大利和墨西哥在内的 50 多个国家和地区，年出口额可达 2.87 亿美元。

七、荷兰乳制品的质量保证体系

荷兰是世界上乳业最发达的国家之一。其乳制品之所以以质量高而誉满全球，是因为长期以来荷兰对其生产的乳制品进行了有效的质量控制。荷兰对奶牛、饲料、牧场、牛乳检测、乳制品加工、最终产品都有严格的书面标准，并要求乳制品必须达到各项标准，在产业链的各个环节也必须严格按照质量控制标准去组织生产。这些标准或以法令或以行业规章的方式颁布执行。这些法令、规章是在政府和行业的各个参与者广泛协商的基础上产生的由政府或行业授权的权威机构监督执行。

1. 奶牛管理

荷兰乳业要求所有生产牛乳的奶牛必须是健康的、品种优良的。每一头奶牛自出生起就必须在全国登记注册系统中登记在案并拥有自己的耳标。推行奶牛健康和健康记录的主要措施为每一头奶牛必须拥有健康证明（强制性）；经常性疾病控制检疫、监测奶牛登记注册（强制性）。荷兰动物健康服务中心负责健康证明的发放和疾病控制检疫、监测。全国登记注册系统则由荷兰动物健康服务中心和荷兰皇家牧业联合会共同管理负责。

2. 饲料管理

对于饲料荷兰乳业也有具体的规定和要求。奶牛的主要饲料是牧场生产的草料和玉米。由于多年的精心培育荷兰的牧场多为优良的牧草场。荷兰的《动物福利法》规定每年的 4 月至 11 月间牲畜必须在草场放养以青饲料为主食保证其健康。作为饮食平衡的补充定期给牲畜以高质量的混合饲料。混合饲料由天然产品制成，不得含有抗体、催乳药物和其他人工合成添加剂。只有符合 ISO 9002 质量管理标准和 HACCP 技术标准并获得优良制造实践证书的企业才允许向牧场提供混合饲料。在荷兰，由动物饲料商品委员会负责签发优良制造实践证书；由动物饲料质量服务机构和全国牲畜肉类检测服务机构负责产品检验和对质量保证规定遵守执行的监督。饲料制造过程的质量保证通过执行以下标准来实现：质量管理标准；用料成分检测标准（监测有害成分）；饲料制造设备的技术标准；制造和储存的卫生标准；饲料产品最终检验标准（成分和质量）；最终产品和用料的运输、储存标准。

3. 奶牛养殖区管理

对于奶牛养殖区由荷兰乳制品生产商和荷兰奶牛养殖区主联合会共同发起制定了比

欧盟和荷兰法律更严格的规定要求。从 1998 年开始，实行了牛乳质量保证规划（KKM）。KKM 标准涉及兽药使用、动物健康、动物福利、挤奶程序、饲料、水、卫生、消毒程序、残留物和环境。所有的奶牛养殖区都必须参加 KKM，否则将不能向乳制品加工场提供牛乳。牛乳生产的质量保证通过采取以下措施来实现：牛舍和牛群日常管理的标准；兽医工作行为标准；所有兽医工作的强制性登记制度；建立过渡期制度（所有接受过药物处理的奶牛暂缓向加工厂提供牛乳）；挤奶房和牛乳存放卫生特殊要求；设备清洁和防疫指导；法定环境标准。荷兰全国共拥有 700 名经专门培训的奶牛兽医，定期访问奶牛养殖区，进行检查。牛乳生产的质量保证由 KKM 基金会负责组织实施、督促检察。

4. 牛乳测试

对于牛乳测试，荷兰也制定了严格的标准。每一个奶牛养殖区的每一次供乳都必须按照规定的程序提供一份试样。所有的供乳（生乳）试样都被送至荷兰乳业监管站，由该站进行分析、测试。每年，荷兰乳业监管站要分析、测试全国几百万份的供乳试样，监督保证所有的供乳都符合欧盟和荷兰法律和条例规定的质量标准。如果测试结果表明某一奶牛养殖区提供的生乳试样不符合法律和条例规定的质量标准，这家奶牛养殖区将被禁止向乳制品加工场供乳。

生乳测试主要项目如下：细胞数（与乳腺炎有关）、冰点（与生乳的含水量有关）、脂肪的 pH 值、微生物（生乳中的菌落总数）、抗生素痕量、酪酸菌、视觉纯度。

作为预防措施，为确保质量保证体系发挥正常功能，荷兰乳业有关机构还经常抽检牛乳中有害物质的含量。

5. 乳制品加工业

荷兰乳制品加工业执行本行业制定的、比欧盟法令更为严格的质量控制标准。这些标准包括加工厂的设计、维修、准备和卫生等内容。同饲料加工厂一样，只有符合 ISO 9002 质量管理标准和 HACCP 技术标准，并获得优良制造实践证书的乳制品加工企业才允许投入生产。生产加工的质量保证通过采取以下措施来实现：从奶牛养殖区到乳制品加工企业的运输标准；原料奶的检验；加工、储存、运输的卫生标准和质量管理；各类最终产品的生产加工过程规定。

6. 最终产品

所有的最终产品将按照国际通行的测试方法进行抽样送实验室检验。检验的质量标准基础是欧盟的有关法令和《荷兰消费者商品法》《荷兰农产品质量法》。对于一些荷兰特有的乳制品，如某些乳酪，则按照荷兰有关的农产品质量条例进行检测。最终产品的质量控制通过检测以下指标来实行：成分、添加物、微生物含量、污染物痕量、外观、气味、味道。由于有近 2/3 的荷兰乳制品用于出口，大部分生产最终产品的荷兰乳制品加工企业需获得荷兰有关部门颁发的出口许可证。此项工作在荷兰农业、自然管理、渔业部的监督下，由荷兰全国牲畜和肉类检疫服务局和荷兰牛乳和乳制品监管局共同管理。

由此可见，在荷兰乳业的生产链上同样存在着一条质量保证和监督链。经过近300年的努力，这条质量保证和监督链深入了乳业生产链的各个角落，从而保证了荷兰乳制品的高质量、高信誉，导致高需求、高产出的良性循环。荷兰政府在整个这条质量保证和监督链的作用非常明确，即通过检查欧盟和荷兰法令和条例的执行情况，对整个原料、生产过程和最终产品实行监督。执行情况的检查通常由政府委托独立机构进行。

八、印度乳业质量安全体系

印度是世界上养牛头数最多的国家，2004年奶牛存栏达到9 110万头，此外，印度还是世界上饲养水牛最多的国家。印度乳品产业经过25年的发展取得了长足进步，已从种类贫乏、数量不足发展到目前的产品丰富、品种繁多，1999年全国牛乳产量达到7 460万t，超过美国而一跃成为世界第一乳业生产大国，引起世界各国的关注。印度乳业之所以能取得这么大的成就的最主要原因是政府高度重视和持续扶持。

1. 国家乳业发展委员会

印度政府建立和注册了国家乳业发展委员会（NDDB），通过这个组织筹措资金和实施印度的乳业发展计划，这就是有名的Operation Flood乳业发展项目。在印度的“白色革命”中，NDDB实施的洪流（OF）计划起到了关键作用。1987年，NDDB联盟经国会议案通过上升为法定团体，成为国家的重要机构。建立该机构的目的是在全国范围内制订并实施乳品发展计划，以促进乳品业和相关产业的发展，并使其沿着合作模式的路线发展。国家乳制品发展委员会的使命是使印度的乳品产业迅速发展并使数百万奶农的生活得到进一步提高。作为完成这一使命的重要措施，国家乳制品发展委员会实施了洪流计划，通过该计划，印度建立了奶牛良种繁育体系、高效饲养技术体系和疫病防制体系。印度2010年乳业远景规划主要关注加强牛乳合作组织的经营、提高牛乳产量、确保牛乳质量以及建立全国性的信息网络4个方面。

2. 牛乳质量控制体系完善且系统

国家乳业发展委员会采用系统的方法对牛乳的生产、处理和加工进行质量控制。委员会开发的牛乳清洁生产计划关注于牛乳的健康和卫生、牛舍管理、合作社管理、村级散装牛乳冷藏、生乳快速运输到加工厂和加快收奶站的收奶速度等方面。对各级奶农、村级合作社人员、运输人员和收奶站人员进行培训也是该计划的重要组成部分。这些措施保证了运送到加工厂的鲜奶质量。

为了适应国内和国际上对牛乳和乳制品的质量控制要求，国家乳制品发展委员会已经启动了一个计划，建立“全国范围牛乳质量参数数据库”。全国15个牛乳主产区的牛乳合作联盟参与了这一计划，建立覆盖从奶农到消费者等各流通环节的全面的生乳质量数据库，开发对牛乳各环节进行检测的技术。为牛乳合作组织提供技术支持和其他的服务以确保其达到国内和国际质量标准的要求。通过质量教育计划加强对乳业合作社管理人员、牛

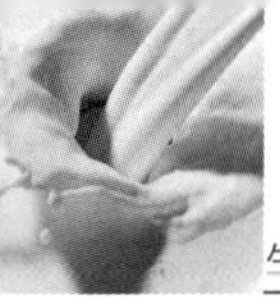

乳运输人员和奶农的教育，鼓励和提高质量意识。建立村级牛乳冷藏系统作为将牛乳运送到加工厂和消费者的冷链系统的第一环。按照 ISO-9000-2000 认证（质量控制体系）和 ISO、HACCP（安全管理体系）认证标准管理牛奶合作组织，并使牛乳加工厂保持认证标准所要求的生产条件。

九、瑞典的牛乳质量控制体系

瑞典的乳业产值占农业总产值的 35%。乳业已经构成了一个从养殖到餐桌的完整的畜牧业经济体系，尤其是在生乳的质量控制、奶牛疫病预防、奶牛福利、行业协会作用的发挥、粪污的处理与环境保护等方面值得我们学习和借鉴。

1. 瑞典的“奶牛群健康计划”

由于 20 世纪 90 年代中期疯牛病以及 2001 年口蹄疫在欧盟国家的暴发，欧盟成员国在奶牛群的疾病预防、治疗以及疫病的防制等方面做了大量切实可行的工作。瑞典在全国实施了 Friskko 计划（奶牛群健康计划），该计划的核心是以疾病和疫病的早期预防为主，治疗为辅，改变了过去“有病治病”的被动思想。2004 年瑞典有 300 多个奶农协会为牛乳生产者提供服务，50 多位兽医深入全国参加该计划，为奶牛养殖区做预防性工作，以确保原料奶生产仅限于那些无各种牛属动物疫病的健康个体，包括无肺结核、无布氏杆菌病、无白血病、无钩端螺旋体病。对每头奶牛都实行身份和注册管理。奶牛的所有健康记录被存储在互联网上的全国奶协数据库中供查询。奶协和兽医部门共同负责颁发健康证书和进行疫病跟踪检测。

2. 加强奶牛饲料质量检测

瑞典的奶牛大都采取以放牧为主、补饲为辅的饲养管理方式。草场都是经过精心维护的人工草场，牧草也是专门为奶牛饲养而选育出来的品种。奶牛冬季日粮的主要成分——牧草和玉米，都产自自家的农场。为了保证日粮的营养均衡，奶牛需要饲喂具有补充性的优质混合饲料。这些混合饲料是由天然成分配制而成的，不含抗生素，不含产量增长剂，不含任何人工合成的添加剂。只有那些具有良好操作规范（GMP）合格证书的饲料企业才被允许向奶牛养殖区提供混合饲料。饲料企业获得 GMP 认可的依据是 ISO 9002 质量管理标准和危害分析与关键控制点（HACCP）技术标准。这些标准是以一种一揽子要求的方式来实施的，涉及饲料终端产品的配料、混合、制粒、防止交叉污染及产品构成等方面的内容。对饲料加工过程中的质量保障进行检查的内容有：质量管理标准的实施情况；原料成分（有害物质）检测标准的实施情况；加工设备的技术参数；加工和储藏卫生标准的实施情况；饲料（构成及质量）的最终检测标准实施情况；制定配料和终端产品的运输规则。

3. 瑞典的生乳收购标准、计价体系

瑞典生乳的收购价格由加工了瑞典 99% 原料奶的 8 个乳品厂制定，每个乳品厂都有自己的价格体系。瑞典生乳价格由以下因素决定：脂肪和蛋白质含量、菌落总数、体细胞数、

孢子数、气味、冰点、质量等级、季节等。脂肪和蛋白质的测试为每月 3 次。表 1–7 显示了脂肪和蛋白质含量对原料奶收购价格的影响。体细胞数和菌落总数每 7d 检测 1 次。表 1–8 显示了生乳价格的奖罚与每毫升生乳中的菌落总数和体细胞数的关系。2005 年 8 月，瑞典全国生乳的平均收购价格为 0.29EUR/kg（约合 2.9 元 /kg）。瑞典生乳的收购标准高于欧盟标准，欧盟的收购标准为体细胞数 <40 万个 /mL，菌落总数 <10 万 CFU/mL，抗生素不得检出。

表 1–7　瑞典生乳计价体系中脂肪和蛋白质含量对价格的影响

乳品公司	脂肪（%）	蛋白质（%）	超过脂肪平均值 0.1 个百分点加价（EUR/kg）	超过蛋白平均值 0.1 个百分点加价（EUR/kg）
Arla	4.2	3.4	2.7	3.3
Falkopingsmejeri	4.2	3.4	2.7	3.3
Gasene	4.2	3.4	1.7	2.2
Skanemejeti	4.0	3.4	2.2	3.3

表 1–8　瑞典生乳计价体系中菌落总数和体细胞数对价格的影响

项目	测定频率	等级	范围	奖罚比例（%）
体细胞数（×1 000 个 /mL）	1 次 / 周	1S	低于 200	+2
		1E	201~300	+1
		1B	301~400	0
		2	401~500	–4
		3	501 以上	–10
菌落总数（×1 000CFU/mL）	1 次 / 周	1E	低于 30	+1
		1B	31~50	0
		2	51~200	–4
芽孢数		3	501 以上	–10
梭状芽孢杆菌	1 次 / 月	1E	低于 400	+1
		1B	401~700	0
		2	701~2 000	–4
		3	2 001 以上	–10
蜡状芽孢杆菌	1 次 / 月	1E	低于 20	+1
		1B	21~350	0
		2	351~1 000	–4
		3	1 001 以上	–10
抗生素	1 次 / 月	无		0
		3（有）		–10
肉眼观察牛乳有无变化	1 次 / 周	无		0
		3（有）		–10

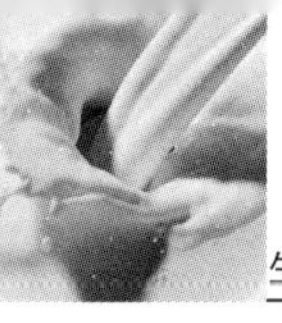

4. 瑞典的生乳质量控制体系

瑞典对于农场提交的每一批牛乳都进行采样。全部样本都被送往生乳检测实验室，检测这些样本是否符合规定的收购标准。收购标准根据瑞典和欧盟的相关法规制定。如果某个农场主生产的生乳未能达到标准要求，那么，该农场主将可能会被禁止向乳品企业提供生乳。生乳质量检测的内容有体细胞数、冰点、菌落总数、抗生素残留及感官指标。除此之外，生乳经常检测的项目还包括有害物质，如二噁英、多氯联苯（PCBs）、黄曲霉素、重金属及兽药残留等。瑞典最大的乳业公司 Arla 食品于 2003 年 10 月 1 日开始在瑞典和丹麦实施"Arla 农场质量保证计划"（Arla Farm Quality Assurance Programme）。该计划的宗旨是在奶牛养殖区重视奶牛福利，注重环境保护和具备记录追踪体系的条件下为消费者提供安全、营养的乳制品。

计划要求所有参与的奶牛养殖区必须遵守丹麦或瑞典饲料使用准则和动物保护准则（两国上述具有法律意义的条款比其他欧洲国家要严格），同时还要求奶牛养殖区必须提供文件记录系统。惩罚措施也是必需的，具体由 Arla 食品负责执行，如果农场在某些方面有严重的不足，惩罚手段可能是罚款、降低生乳的收购价格和暂时停收牛乳；待不足之处改正后，惩罚手段即解除。

计划要求产品的溯源性。如果一旦乳品质量出现问题，可以一直追溯到原料奶生产者。具体措施包括：所有奶牛养殖区使用的饲料原料和配合饲料必须与供应商提供的原始单据一致；所有奶牛养殖区必须保留兽医用药记录；Arla 食品定期对每个农场提供的原料奶进行采样分析。通过以上的记录系统可以追溯到有问题的农场用哪个奶罐存放生乳，用哪个奶罐车运输，生乳最后运到哪家乳品企业。

计划要求乳品的安全性。奶牛养殖区提供给 Arla 食品的原料奶必须将生产中的每一个环节都控制在准则要求的环境条件范围内。计划的贯彻基于预防性的安全要求，这些安全要求是最优先考虑的，关键词是风险评估和风险管理。除了要遵守丹麦或瑞典饲料使用准则和动物保护准则外，Arla 食品农场质量保证计划还要求：饲喂奶牛的高质量的精饲料必须来自国家认定的饲料供应商；刚施肥后的粗饲料不能立刻收割；每年对奶牛养殖区的水源进行化验；为了避免传染病的发生，奶牛养殖区不能进口其他活家畜；购买的奶罐必须安装警报装置，并且能发出发散性的警报，能显示、记录奶罐中的温度和清洗程序；每次挤奶后都要对挤奶设备进行清洗，奶罐排空后必须清洗；奶罐必须放置在干净的地方，并且要与奶牛进出牛棚的通道分开；为了避免传染，如果一个参观者参观了其他国家的奶牛养殖区后要参观瑞典奶牛养殖区必须有 48h 的间隔；生乳必须持续不断地进行体细胞数、菌落总数、抗生素和其他可以观察的指标的分析。

计划要求对原料奶的口感、气味以及质量进行检测。Arla 食品农场质量保证计划要求不能饲喂那些奶牛食用后会造成原料奶口感、气味以及质量发生不良变化的饲料。

计划对动物福利和环境有严格的要求。提供给 Arla 食品的原料奶必须来自注重自然环境和动物福利保护的奶牛养殖区。为了保护自然环境，奶牛养殖区应该建立一个基于植物营养的营养素平衡体系；而且，不主张使用杀虫剂，除非田间的杂草、病害和真菌的危害已经难以控制。

Arla 食品为使该计划能顺利实施，在丹麦和瑞典配备了约 60 名资深顾问，帮助两国奶农理解并配合项目的进行。他们计划访问 11 000 个奶牛养殖区，目的是通过计划的实施，评估奶农满足计划要求指标的程度，并且帮助奶农改正不足。通过专家的访问，评估这些奶牛养殖区是“合格”还是“合格但需要整改”。整改措施会在下一次访问中得到落实。如果一个奶牛养殖区没有合格，食品安全和动物福利做得不好，那么该奶牛养殖区的牛乳就要被暂时拒收。到 2006 年，要访问到所有奶牛养殖区。

5. 乳制品企业的质量检测

瑞典的乳制品加工行业组织自己制定了质量管理体系，所有的乳制品企业都要严格按照质量管理体系进行生产加工。体系中的标准在许多情况下比欧盟法规要求的还要严格。该体系包括工厂设计、车间管理、设备和卫生等方面的标准。产品认证和 HACCP 认证体系提供了从奶牛养殖区到产品生产的全过程的质量保障。

乳品生产过程的质量保障检测内容有：质量管理标准实施情况；牛乳从奶牛养殖区运输到加工厂的过程中的技术标准执行情况；生乳进入工厂后立即实施检测；加工设备的卫生标准执行情况；制定各种乳制品生产过程的议定书。

十、新西兰生乳的安全体系

乳业是新西兰的一项主要产业，除可数几家国有公司外，全国饲养奶牛的农场约有 1.5 万个。绝大多数农场主是乳制品公司的股东供应商，乳业实行全国性行业协会经营管理。生产过程基本是：农户饲养奶牛并采集牛乳，乳制品公司统一收购、运输，然后规模化加工生产及储存销售，最终与股东们按照贡献大小按比例分配利润。这种合作形式将全国的奶牛养殖区联合起来，造就了庞大的乳业集团。其中每个农场主是企业最基本的单元，他们向企业提供原料，与企业利益共享、风险共担，而企业在充足原料的基础上生产经营并进行市场开发。在成功的运作中，总结出了一些各方必须遵守的原则。

1. 生乳质量安全的基本原则

（1）厂家须提供标准的原则。生乳安全标准由生产厂家提出。公司有生产安全计划（包括各项原料标准），保证安全生产的实施。乳制品厂必须向每个生乳供应商提供安全标准、确定牛乳及其成分的等级与分类，以及对应等级和分类的各种奖励或处罚的标准等。随着季节和时间的变化，公司将提供不同的标准。这种方式意味着公司将保证所有的供应商都明确卫生安全标准，即生乳提供者与乳制品生产者之间建立的契约，是以安全为前提的。

（2）农户对生乳质量负责的原则。保证生乳的质量是每个股东供应商的责任。乳制品

公司可以每日或阶段性地针对农户提供的全部生乳进行质量标准检验。农户可以从乳制品公司的系统服务中心获得涉及生产卫生安全的有关信息咨询服务与帮助。

（3）检测结果及时送达的原则。乳制品公司必须及时向股东供应商报告其对每日所提供的生乳样品测试的结果。同时公司也提供自动电话服务系统，使不符合标准的结果能够在最早时间通知到供应商。另外的一个快速方法是通过网站获得检测结果。乳制品公司鼓励所有的供应商都能及时访问该网站。农场主如希望获得相关细节和密码以便能够直接存取数据，可以通过电话与服务中心联系。

（4）奖优罚劣的原则。乳制品公司对于各供应商提供的生乳质量进行监督检验，并采取了一系列有效措施对卫生安全质量好的进行奖励、质量差的进行处罚。同时也区分出现问题的性质和处理的方法，使农场主在经济利益基础上充分认识卫生安全的重要性，并能够自觉地采取各种积极的方式保证牛乳的质量、维护自己的信誉，而这在客观上达到了保证整个企业安全生产的目的。这些手段和措施都经过股东大会的认同，所以行之有效，使得得奖者高兴，将再接再厉，受处罚者心服口服，迅速改正。

2. 生乳的检测标准

对于生乳的检查是严格的，其卫生标准的检测包括：总菌数、耐热菌数量、大肠杆菌数量、感官评价、沉淀物状况、初乳质量、违禁物质、冰冻点、每批交货体细胞数量、每月体细胞数量的几何均值、采集温度。此外，对于一些药物的残留情况如 DDE 和 DDT 等也都有相应的检测。所有由于卫生原因而无法供人食用或有潜在危害的生乳，均属于拒收范围。

牧场用水也是影响牛乳质量的重要因素，因此牧场的水质一定要满足最低标准——农场产奶用水的质量标准。在奶牛养殖区内采用统一的水排放方式；制订用水计划并经乳制品公司核准后按照其严格执行；具有在生产现场采集的并经乳制品公司实验室测试确认的产奶用水样本，以便在后续生产中满足如下的水质标准：排泄物的大肠杆菌每 100mL 不超过 3 个菌落；混浊度不超过 5NTU。

除要求农场主对牧场内所有影响奶牛、水源、饲草等的操作进行记录外，乳品公司、农业部等均按照质量保证体系对农场主进行监督检查。这主要包括：肥料、抗生素、驱虫剂、清洁剂、杀虫剂。这些检查既是监督，更是服务。因为对于农场主来说，这些都是免费的。

3. 保证质量安全的手段和措施

（1）产品安全计划。农场的生乳一定要始终符合生产某种食品所必需的标准；供应商必须确保系统和生产工艺的真实性（并有文件可以证明），保证牛乳不被微生物、违禁物、残留物、疾病等影响或以任何方式感染和污染；公司须进行日常的牛乳质量监测；公司承诺按照法律要求，对所有提供的生乳及其成分以绝对慎重的形式确定等级或分类，以及再定级或再分类；公司保证在绝对慎重的情况下，根据不同时间对于供应商所提供的各等级或类别的生乳及其成分予以确定并付给奖金或补贴，或是进行处罚。

（2）质量管理系统。为进一步加强安全管理，从2002年6月1日起，乳品公司推荐各供应商采用公认的质量管理系统。质量管理系统中的各个指标满足公司的安全评估标准。包括：人员培训状况、健康和安全状况；动物个体确认与迁移状况、健康状况、疾病治疗、饲料与添加剂的使用；水质、热水需求量，牛乳冷却，处理与保鲜；明确的工艺程序、记录情况及清晰的农场资源。

（3）预防为主与复验确保。公司鼓励供应商将各项预防措施做在前面，在高风险期内如产奶季节初期以及出现较差质量的时候，测试频率将会增加。如果供应商提供的产品等级在下降，乳品公司将采取跟踪检测的措施，直到该供应商达到连续3个合格的测试结果，或是公司认为达到了生产环境必需的条件。例如，因人们的关注，新西兰加强了对农药残留物的检测力度。

总之，长期以来，具有特色的新西兰乳品业采用了一套行之有效的办法，维护了其发展和声誉，为其获得了巨大利益。

十一、日本的食品安全保障

1. 日本的食品安全管理体制

日本的食品安全管理体制是按照食品从生产、加工到销售流通等环节来明确有关政府部门的职责的，涉及的政府部门主要是农林水产省、厚生劳动省和日本内阁食品安全委员会。

其中农林水产省主要负责国内生鲜农产品生产环节的安全管理、农业投入品（化肥、农药、饲料和兽药等）产、销、用的监督管理，进口农产品动植物检疫，国产和进口粮食的安全性检查，国内农产品品质和标识认证以及认证产品的监督管理，农产品加工中HACCP方法的推广，流通环节中批发市场和屠宰场的设施建设，消费者反映和信息的收集沟通等。

厚生劳动省主要负责加工和流通环节食品安全的监督管理。包括组织制定农产品中农药兽药最高残留限量标准和加工食品卫生安全标准，对进口食品的安全检查，国内食品加工企业的经营许可，食物中毒事件的调查处理；流通环节食品（畜产品、水产品）的经营许可和依据食品卫生法进行监督执法以及发布食品安全情况等。

农林水产省和厚生劳动省之间既有分工又有合作。另外，卫生部门负责执法监督抽查，对象是进口和国产品，其抽查结果可以对外公布并作为处罚的依据。

2. 健全法制、保障监督和规范畜产品的生产

日本高度重视法律在保障农产品安全中的作用，已颁布了14项农业标准法（JAS法）。其内容主要包括，关于农林产品和正确标志；有机农产品方面的标准；加工食品质量分类标准；易腐食品质量分类标准；转基因食品分类标准。

日本在2003年通过了食品安全基本法，成立了日本内阁食品安全委员会，专门对农林水产省和厚生劳动省的食品安全管理工作进行协调。其职责还包括实施食品安全风险评估，对风险管理部门进行政策指导与监督，风险信息沟通与公开等。

日本食品安全工作的法律依据是日本的“食品卫生法”，这项工作报包含很多方面的内容，包括制定食品、添加剂、器具和食品包装、盛放容器的标准和规格；通过检验证明这些标准是否被执行；以及食品生产和销售的卫生管理。还包括按照屠宰法、家禽宰杀经营管理和禽肉检验法对家畜和家禽肉的检验。

日本的“食品卫生法”授权使健康、劳动和福利部对食品安全事项采取法律行动。该法规定从公共健康的角度出发，管理了与食物有关的众多企业。对象设施的数量在全国范围内大约有400万，其中大约260万需要得到健康、劳动和福利部的营业执照。该法授权各地方政府在其管辖范围内对当地的企业采取必要的措施，这些措施包括为企业设施制定必要的标准、发放或吊销执照、给予指导以及中断或终止营业活动。另外，日本还有专家负责地区健康和卫生的另一种行政组织。这些称作保健中心的组织在保证有关地区的食品安全方面正在发挥重要作用。

3. 严格的进出口检疫关制度

日本有世界上最严格的进出口检疫规则和标准，由农林水产省动物检疫所执行。2002年7月1日起又实施了新的产品标记制度，要求畜产销售者要对其出售的畜产品原产地、化冻（或是生鲜）和养殖地要明确标示出来，日本产畜产品要标明养殖区域，进口畜产品要标明原产国国名和生产区域名称，这一质量安全控制措施，有助于日本“放心肉”和“绿色食品”工程的实施。

第四节　国内外生乳质量安全管控差距和区别

一、国际乳业科技发展现状

1. 育种常规技术与高新技术

半个多世纪以来，各国育种学家应用遗传学理论和方法，形成了一套奶牛群体的遗传改良技术体系，包括：严格规范的个体生产性能测定技术体系、牛群定期的良种登记和培育选育高产奶牛育种核心群、通过后裔测定和相应的一串评定技术选育优秀种公牛、广泛应用人工授精技术通过优秀种公牛实现奶牛群体整体的遗传改进。这一体系经过长期的实施已经证实是迄今最为科学有效的奶牛选育技术。美国和加拿大通过启动该技术体系为基础的“牛群遗传改良计划”，经过半个世纪的努力，已经育成世界上最好的奶牛群。

20年代80年代，国外学者提出将胚胎移植技术与核心群育种结合的新奶牛育种体系，即 MOET 核心群育种体系。该体系可以大大缩短世代间隔，比传统育种体系效率要提高 30%~49%。美国奶牛群中每年有 3 万 ~5 万头新生母牛来自胚胎移植，而美加两国 80%以上的优秀种公牛都是胚胎移植后代。

目前世界一些发达国家正在开展“分子育种”技术的研究，迄今已经发现了 2 500 多个 DNA 分子遗传标记，覆盖了整个奶牛基因组，对奶牛产奶性状基因（QTL）的检测和定位已经取得很大进展，证实了第 6 和第 14 染色体上有 QTL 的存在，这些成果为在奶牛中实施分子遗传标记辅助选择（MAS）奠定了很好的基础。

2. 饲料安全质量控制与监测

由于饲料安全性问题引发的食品安全事件不断，如 1999 年比利时等西欧国家发生的二噁英饲料污染导致肉、蛋、奶等食品污染事件。因此国际上对饲料安全极度重视，尤其是美国和欧盟，一直把饲料安全和食品安全等同进行控制和监管。

在美国，为了控制化学物质、毒素和微生物等对食品的污染，全面在饲料生产行业推行 HACCP（危害因素分析和关键控制点）管理，确保饲料原料生产和配合饲料产品的安全。其原理是通过对饲料加工的每一步骤进行危害因素分析，确定关键控制点，控制可能出现的危害，确立符合每个关键控制点的临界限，建立临界限的检测程序、纠正方案、有效档案记录保存体系、校验体系，确保产品安全。通过组建 HACCP 队伍、认定生产目标、描述加工过程、构建工艺流程图、量化危害与风险程度、确定关键控制点、确定控制参数、监视与记录、建立更正方案、建立档案、建立校验程序、操作程序手册、审验、复查与培训这一系列实施方案，杜绝有毒有害物质和微生物进入饲料原料或配合饲料生产环节。

此外，GMP 规范自 1963 年由美国 FDA 提出并以法规形式应用于食品、药品的生产、包装和储藏后，很快被 FAO/WHO 的 CAC 采纳，作为国际规范推荐给各成员国，日本、加拿大、新加坡、德国、澳大利亚等国家都积极接受和推行。其宗旨就是在食品制造、包装和储藏过程中，确保有关人员、建筑、设施和设备均能符合良好的生产条件，防止在不卫生的条件下或在可能引起污染或品质变坏的环境中操作，以确保食品安全和质量稳定。

除了制度监管体系，国际上还积极开展各种先进有效的检验检测技术的研究。美国采用脑组织切片染色或组化染色法以及第三眼睑组化染色法检测羊痒病或疯牛病；目前美国国家动物疾病研究中心（NADC）的研究人员还研究成功了用毛细管电泳法检测朊病毒的方法，可以通过对活体血液的检测而确定病毒在动物体内存在的可能性，引起欧美国家的广泛关注。Diversified 监测实验室已经根据二噁英的污染程度研究出 4 种检测方法：①气相色谱分析，可以判定二噁英的有无和大致含量，检出限为 1.0μg/kg，检测周期为 1d；②多相气相分析（多相 PAC 柱串联和程序升温），可以进一步判定是那一种组合，检出限为 1.0μg/kg；③高分辨率气相和低分辨率的质谱串联（GC/MS），可以比较准确地确定是哪种组合以及含量，检出限为 20μg/kg，检测周期为 3~5d；④当二噁英含量极低时，可

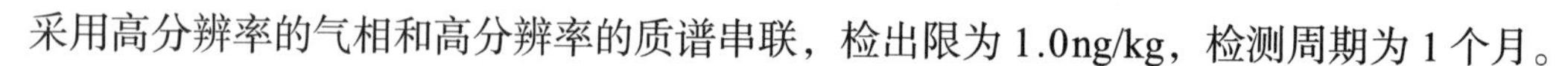

采用高分辨率的气相和高分辨率的质谱串联，检出限为 1.0ng/kg，检测周期为 1 个月。

3. 乳制品加工高新技术应用

在配方奶粉和功能性奶粉生产工艺和技术上，国际上主要集中于婴幼儿不同生长发育阶段配方设计和预防心脑血管疾病、糖尿病等中老年保健产品的研究。日本森永乳品公司将酪蛋白通过酶处理，分解成分子量在 1 000 以下的肽和氨基酸混合物，可以防止牛乳过敏症。DHA、EPA、CLA、大豆磷脂以及水溶性膳食纤维经研究被用于降低血清胆固醇、降低血脂等功能性奶粉产品中。

用于发酵乳生产的乳酸菌发酵剂研究和生产技术处于世界领先地位的是丹麦 Hanson 公司和法国 Rhodia 公司，他们利用先进的仪器和生产设备对乳酸菌进行选育，形成世界级的菌种库，生产出不同性能和用途的乳酸菌冷冻浓缩发酵剂和冷冻浓缩干燥发酵剂，活菌数可达 1 011~1 012CFU/g（或 CFU/mL），仅用 20~30g 发酵剂就可以培养发酵 1 000L 生乳。

膜分离技术在欧美发达国家在乳制品加工业中被广泛采用，超滤技术成为回收乳清蛋白的首选技术。此外，污水处理、牛乳组分分离、浓缩蛋白、乳清脱盐、滤出细菌等都采用了膜分离技术。

在产品加工包装设备正向高度自动化、模块化发展。国外已经开发了用于奶粉包装的全自动真空充氮包装机、全自动液奶无菌灌装机等性能稳定、高度自动化、制造精度高、型号齐全的先进设备。

二、我国乳业科技与国际先进水平的差距

1. 我国奶牛良种选育、良种利用现状及与国际先进水平的差距

1949 年以来，我国育种工作者重点进行了奶牛品种改良和新品种培育工作，经过几代人的努力，到 1986 年培育出了“中国黑白花奶牛”新品种，并长期坚持了牛群系统地遗传改进和良种推广工作，推动乳业生产技术改进和产业化程度的提高，带动乳业的全面发展。

就目前我国乳业现状而言，奶牛品种遗传水平和选育技术也落后于发达国家。差距主要表现如下。

（1）牛群中良种覆盖率较低。纯种奶牛不足 1/3，奶牛良种严重不足。

（2）平均生产性能低。我国纯种奶牛的平均生产水平还不足美国的一半，且很不平衡，大城市郊区奶牛生产水平较好一些，而大部分奶农饲养的牛群生产性能亟待提高。

（3）奶牛良种繁育体系不完善。我国建立奶牛良种繁育体系工作起步较晚，迄今尚未形成系统、规范的选育优秀公种牛的选育技术体系，因此种公牛主要依赖国外引进。

（4）奶牛育种组织系统不健全，机制不完善。这使仅有的优良种质也未能在改良低产牛的工作中，充分发挥作用。

“八五”期间，我国完成了“奶牛 MOET 育种体系的建立与实施”的国家科技攻关项目，探索了应用胚胎移植技术选育优秀种公牛的途径，选育出一批优秀种公牛。并利用人工授精技术在全国进行大面积的黄牛改良工作，增加了奶牛的总头数和总产奶量；多次有计划地引进大批良种公牛、冷冻精液和胚胎，加快牛群的遗传改良速度；坚持组织了 29 批的全国联合公牛后裔测定，初步探索了我国选育优秀种公牛的技术体系；试行了奶牛生产性能测定（DH）体系，为建立良种奶牛繁育体系奠定了基础。

总体而言，我国奶牛良种繁育技术发展正紧随国际上将传统选育技术与现代生物技术有机结合为核心的技术发展趋势，在提高了牛群的遗传素质和生产水平的各项繁殖指标上也与国外水平持平，但在最优化育种方案和良种繁育体系建立、现有的成熟科技成果的高效组装集成形成完整的技术体系和规范、高新技术（诸如奶牛主要经济性状的候选基因和微卫星标记研究、奶牛数量性状基因座 QTL 的检测与定位、标记辅助选择等）的创新研究开发等方面与国外相比还有一定差距。

2. 我国奶牛营养与饲养研究发展现状及与国际先进水平的差距

我国奶牛营养与饲料的研究与开发近 20 年来进步很快，但远远不能满足乳业发展的需要。目前我国使用的奶牛饲养标准制定于 80 年代初期，仍然使用传统的可消化粗蛋白体系，绝大多数营养参数都缺乏研究的支持。在饲料营养价值评定方面，尚未涉及氨基酸、微量元素、维生素等关键养分，没有建立比较完整的奶牛专用饲料数据库。2000 年，在我国生产的 5 900 万 t 配合饲料中，用于奶牛养殖的专用饲料很少，所占份额不足 4%。奶牛专用安全营养调控添加剂的研究开发刚刚起步，缺乏具有与国外同类产品竞争实力的奶牛营养调控产品。绝大部分农区养牛户仍然是低水平粗放饲养，奶牛生产水平很低。饲养管理技术水平低也是制约我国奶牛业发展的重要因素之一，迄今对阶段饲养、高产牛饲养、饲养机械、计算机管理技术等尚未进行配套研究。饲养管理科技发展滞后，导致奶牛的生产效率很低，目前我国规模奶牛养殖区人均饲养奶牛不超过 20 头，料乳比仅为 1 : 2 左右；奶牛的营养代谢病发病率居高不下，成年奶牛淘汰率偏高；生产潜力发挥不足，许多具有较高遗传品质的奶牛由于饲养管理跟不上而失去了种用价值；生乳营养物质的含量偏低而且不稳定。

20 世纪 90 年代以来，美国等乳业发达国家把实现瘤胃最佳发酵和小肠养分最佳供给作为奶牛营养研究的目标，在奶牛小肠可吸收蛋白质与氨基酸需要量、理想氨基酸模型、瘤胃碳水化合物配比与发酵调控、小肠养分平衡调控、饲料评价体系等领域取得重大突破，开发出一系列新的营养调控技术与产品，如牛粪链球菌、乳酸菌等直接饲喂微生物、酵母培养物等微生物活性物制剂、过瘤胃能量补充料、过瘤胃蛋白与氨基酸补充料等。在饲养方面，开发了奶牛阶段饲养、高产奶牛特殊饲养、犊牛分阶段培育、抗应激、全混合日粮饲养等新技术，使奶牛的饲养不断向精细方向发展。由于食品安全问题受到普遍关注，发达国家在开发新的营养调控与饲养管理技术时把远离抗生素、激素作为一个基本原

则和目标，近几年开发的新技术与新产品都具有这样的特点。

奶牛营养需要与饲养标准是一个国家奶牛营养研究水平的综合标志。美国的《奶牛营养需要》每5年更新一版，到2001年已经出版第7版，集成了奶牛营养各领域的最新研究成果，充分考虑了在各种生产和技术条件下实现奶牛营养最佳供给的方案，成为奶牛养殖业及相应饲料产业最重要的科技基础。营养研究的深入还不断为欧美发达国家奶牛配合饲料工业的发展注入活力，奶牛配合饲料产量一般占到全国配合饲料总产量的30%以上，为奶牛业高产、高效和优质生产提供了强大的物质保障。

乳业发达国家还把开发应用规模化奶牛养殖区饲养管理技术作为提高奶牛生产效率的主要手段之一，尤其是计算机技术、机械设备自动化技术的飞速进展，推动奶牛饲养管理水平出现质的飞跃，劳动生产率成倍提高，千头以上的奶牛养殖区饲养管理人员不超过10个人。早在80年代中期，发达国家的奶牛养殖区自动化管理技术就已经成熟，90年代进一步向智能化发展。计算机技术的应用还为规模化奶牛养殖区根据每头奶牛的产奶量控制精料饲喂量，实现精确饲养提供了技术基础，使饲料利用效率和奶牛生产水平进一步得到提高。

上述先进的营养调控与饲养管理技术成果广泛应用后极大地提高了这些国家的奶牛生产水平。以色列通过建立一整套适应炎热气候的高产奶奶牛饲养管理方式和自20世纪90年代起推广产奶奶牛全混合日粮饲养技术体系，使全国产奶奶牛的产奶量提高30%以上，成为目前世界上产奶奶牛单产最高的国家。爱尔兰在全国35 000个产奶奶牛养殖区中广泛应用犊牛及产奶奶牛阶段饲喂、全混合日粮饲养、利用计算机根据产奶量控制精料饲喂量等新技术，使全国成母牛的平均单产达到7 000kg，仅全混合日粮饲养技术一项就使平均产奶量提高10%以上，饲料利用效率提高10%左右。

3. 我国奶牛疾病防治现状及与国际先进水平的差距

我国奶牛专用疫苗短缺和疫病防控技术体系不完善，导致疫病发病率高，而临床诊断技术落后，专用治疗药物少，疗效较差，生产中滥用抗生素、化学药物的现象普遍存在，致使牛乳中药物残留超标，对人的健康构成严重危害。结核、布鲁氏菌病等人畜共患病的存在对公共卫生和人的健康也存在严重的威胁。

目前，我国对结核、布鲁氏菌病、牛传染性胸膜肺炎等疾病的诊断技术还比较陈旧，没有建立适合我国国情、与国际接轨的疫病敏感快速的诊断方法。而发达国家将ELISA检测方法和分子生物学方法（DNA指纹法、PCR方法等）应用于结核、布鲁氏菌病、牛传染性胸膜肺炎等传染病的诊断，注重常规经典方法与新技术结合作为国家检疫的法定方法，并建立国际通用的标准，早期、快速、准确地掌握疫情，实现疫病快速监控预报。建立适合我国国情的与国际接轨的疫病敏感快速的诊断方法已刻不容缓。

对乳腺炎的诊断，国内外都普遍使用乳汁中体细胞直接计数法和间接乳中细胞数判定法（如CMT、LMT）。近年来，一些发达国家研发出奶牛养殖区计算机管理的乳腺炎诊断系统和用于鉴别诊断乳腺炎病原菌的PCR方法，这无疑有利于选择抗菌药物，提高临床治疗效果，国内还未见类似报道。疫苗的研制是乳腺炎防治技术的热点。中国农业科学院兰州畜牧与兽药研究所研制的奶牛乳腺炎的多联疫苗用于群体免疫可降低乳腺炎发病率40%~60%。但仍有研制的苗菌抗原性弱和免疫效果稳定性差的问题。

隐性子宫内膜炎诊断，目前国内外尚无理想的方法。中国农业科学院兰州畜牧与兽药研究所研制了奶牛子宫内膜活检器，进行指征细胞显微检测，具有较好的实用推广价值。在乳腺炎和子宫内膜炎的治疗方面，国内外均以使用抗菌化药疗法为主，但疗效并不理想。由于抗菌化药的使用，导致致病菌产生耐药性和药物残留的问题。近年来，中草药制剂用于防治该病已显露出良好的势头，中国农业科学院兰州畜牧与兽药研究所从20世纪70年代开始研究中药和中西药合剂治疗奶牛乳腺炎和子宫内膜炎，均取得了较好的疗效，具有广阔的开发前景。

奶牛蹄病表现的主要病症是腐蹄病和坏死杆菌病，国外主要采用疫苗预防，澳大利亚用疫苗成功地控制了绵羊腐蹄病的流行。中国农业科学院特产研究所自20世纪90年代开始对奶牛蹄病（腐蹄病和坏死杆菌病）的病原、特异诊断方法及免疫防治等进行了深入研究，已经初步研制出奶牛腐蹄病部分主要病原菌型的灭活疫苗和A、E型纤毛蛋白基因工程疫苗。并在我国初步研制出反刍动物坏死杆菌病疫苗，在实验室动物免疫试验效果良好。但腐蹄病在我国不同地区存在着细菌型的差异，因此要在全国范围内有效的预防和控制奶牛腐蹄病，需要研制出涵盖我国奶牛腐蹄病全部主要病原菌型的疫苗。

另外，由于我国没有健全的与世界动物卫生组织（OIE）有关规定接轨的动物疫病检疫技术标准，部分发达国家利用SPS协议《卫生及植物卫生措施实施协议》，凭借自身科技优势构筑非关税壁垒即“技术性贸易壁垒”，限制了我国牛乳及乳制品的出口。同时，我国牛乳由于药物残留超标，也难以达到出口标准。

4. 我国牛乳产品加工现状及与国际先进水平的差距

我国乳品加工业近年来取得了很大的进步；产品种类开始增加，加工手段趋于多样化，自动化程度不断提高，尤其是在液体奶生产技术方面，通过引进国外先进设备，中国一些大型乳品企业的超高温灭菌奶生产工艺技术，已经接近国际先进水平。然而，就整体发展状况而言，我们与乳业发达国家相比差距仍然很明显，国内大多数传统奶粉生产企业，其技术力量只达到对生产线进行简单技改，使之可以生产普通工艺配方粉，难以实现真正意义上的产品更新换代和产品结构调整；而目前国外针对婴幼儿生长发育各阶段不同的营养需求，产品适应年龄段细化，特殊需求的配方，如为苯丙酮尿症患儿和乳糖不耐症等婴儿设计的配方。其工艺技术发展方向趋于运用转基因技术和蛋白质柔细化技术，有些已转化为产品。

国际上公认的最具市场潜力的乳制品是发酵乳，主要指酸奶和干酪。近年来，酸奶在我国有了长足的发展，但是在生产工艺上，国内乳品企业在酸乳生产中普遍使用的仍然是传统的液态发酵剂，菌种的制备和管理是厂家最困难、技术性强的工艺过程，普遍面临的问题是发酵剂菌种使用时间短、易受噬菌体污染、保存传代困难、扩培不易控制、发酵剂活力不稳定等，这些问题直接影响发酵乳的质量。国内已有实验室研制超浓缩酸奶发酵剂，活菌数最高可达 8.3×10^{10}CFU/g（或 CFU/mL），但存在的问题是超浓缩酸奶发酵剂的制备技术还不很完善，细胞存活率低，保存时间短，特别是工业化生产技术还未开发出来，远没有达到实现工业化生产水平，比起国外直投式发酵剂的活菌数高达 10^{10}~10^{11}CFU/g（或 CFU/mL）、仅用 20~30 g 干燥发酵剂就可培养发酵 1 000L 原料乳的水平有相当大的差距。而干酪的情况也不容乐观，由于没有开发出适合中国人口味的干酪制品，在我国的生产微乎其微，每年产量仅几十吨，而且质量也很不稳定，对干酪加工工艺和成熟过程的研究也十分薄弱。

国外液态乳无菌灌装机性能稳定、高度自动化、制造精度高、型号齐全。国内产品经过多年的发展有了很大的改观，但仍存在差距：表现在生产能力低、卫生条件、可靠性差、自动化程度低等，水平还徘徊在 20 世纪 70—80 年代仿制品的基础上。在设备的稳定性、无菌保证、整版膜的使用、封口质量、包装速度等方面，国内企业还没有完全掌握，一些关键器件的材料、加工工艺的落后还制约着国内企业的发展。

三、我国乳业监管与发达国家的主要差距

1. 法律法规体系有待完善

法律法规和标准是食品安全的重要保证。我国现有的食品卫生安全法律还存在非常不完善之处。突出的表现就是法律对食品违法行为的惩罚措施不够严厉，使得食品生产者的违法成本很低，所以会为了牟取暴利而生产不卫生不安全的食物。例如我国食品卫生方面最重要最权威的法律《食品卫生法》对其违法行为的最高经济处罚就是罚款 5 万元。这显然是不能达到震慑违法分子的目的，因为最高 5 万元的罚款对他们并不是高不可攀的，有的甚至只是小菜一碟。另外，现有法律法规对食品执法人员的玩忽职守、营私舞弊处罚也偏轻，缺乏严格的执法监督法律法规，这些都导致我国的食品安全执法不严，生产者有法不依也受不到应有的严格处罚，直接影响我国的食品保护的力度和水平。

在食品安全标准体系方面，我国虽然制定了一系列有关食品安全的标准，但许多标准标龄过长，缺乏科学性、系统性与可操作性，在技术内容方面与 WTO 有关协定和 CAC 标准存在较大差距。早在 20 世纪 80 年代初，英、法、德等国家采用国际标准已达 80%，日本国家标准有 90% 以上采用国际标准，发达国家目前采用国家标准的面更广，某些标准甚至高于现行的 CAC 标准水平。而我国国家标准只有 40% 左右等同采用或等效采用了国际标准，食品行业国家标准的采标率只有 14.63%。

具体到乳业，我国的乳业标准体系一是缺乏系统性，二是也谈不上与国际接轨。中国目前实行的乳类产品的国家标准和部颁标准，大部分只相当于国际上 20 世纪 90 年

代的标准水平。如我国GB 19301—2010《食品安全国家标准　生乳》规定生乳中菌落总数小于等于200万CFU/mL，而目前欧美等国家规定普通生乳的菌落总数一般都在10万CFU/mL以下（而且实际也能普遍达到此标准），美国、加拿大收奶时甚至规定，如牛乳中微生物超过5万CFU/mL，就要从严处罚，可见中外生乳质量标准差距较大。这是非常不利于原料奶生产者提高生乳质量的，而且乳品加工企业得不到高质量的原料奶，也无法生产出高质量的乳制品，消费者也因无法享用到高质量的乳制品而宁愿支付较高的价格去消费进口乳制品。我国乳业经过“三聚氰胺事件”后，根据《中华人民共和国食品安全法》《乳品质量安全监督管理条例》《奶业整顿和振兴规划纲要》，2008年卫生部会同农业部、国家标准委、工业和信息化部、工商总局、质检总局、食品药品监管局等部门和中国疾病预防控制中心、轻工业联合会、中国乳制品工业协会、中国奶业协会等单位组建了乳品安全标准工作协调小组和专家组，开展对乳品标准进行了清理和修订工作，逐步缩小了与乳业发达国家和地区标准的差距。这是非常不利于原料奶生产者提高生乳的质量的，而且乳品加工企业得不到高质量的原料奶，也无法生产出高质量的乳制品，消费者也因无法享用到高质量的乳制品而宁愿支付较高的价格去消费进口乳制品。

相比而言，欧美等发达国家的食品安全法律法规体系不但健全而且惩罚措施严厉，足以震慑违法者。例如在英美等国，食品安全的违法者不仅要承担对于受害者的民事赔偿责任，而且还要受到行政乃至刑事制裁。这些制裁措施除罚款外，主要还有没收和销毁违法产品、责令停产停业和吊销营业执照等，违法情节严重的，还可能被判处监禁。

2. 食品安全检测体系不健全、检测方式、关键监测技术和设备落后

健全的食品安全检测体系应包括食品生产企业的自我检测、行业中介检测和政府检测，其中尤以企业的自我检测为主要检测方式。但我国目前主要是政府机构的强制性检验检测，而食品生产企业的自我检测意识还远远不够，许多食品企业根本不具备产品的检验能力，产品出厂不检验。另外，中国的行业组织还未得到充分发育，监测力量也还比较薄弱，其作用也非常有限。

从检测方式上来看，发达国家通常都建立了食品安全的例行监测制度，对食品实施从“农田到餐桌”的全过程监管。而我国目前对食品的检测方式是运动式、突击式抽查较多，对食品安全的监测工作还不能做到全程化、日常化，导致有害食品生产销售依然十分普遍。

另外，我国的食品安全关键检测技术和检测设备也比较落后。我国目前缺乏对人体健康危害大而在国际贸易中又十分敏感的污染物，如二噁英及其类似物、氯丙醇和某些真菌毒素的关键检测技术。在农药残留检测方面，美国FDA的多残留方法可检测360多种农药，德国可检测325种农药，加拿大多残留检测方法可检测251种农药；而我国缺乏同时测定上百种农药的多残留分析技术。在环境污染物检测方面，发达国家拥有针对二噁英及其类似物的超痕量检测及对“瘦肉精”、激素、氯丙醇的痕量检测技术和大型精密仪器，

而我国尚缺乏对这些污染物的有效快速检测方法、技术和设备。此外，一些发达国家投入大量资金研究食品中疯牛病朊蛋白和禽流感病毒的检测方法，我国也尚无可供监督检测用的实用方法和技术。

3. 危险性评估控制技术未广泛采用

危险性评估是 WTO 和 CAC 用于制定食品安全法律、法规和标准的必要技术措施，也是评估食品安全技术措施有效性的重要手段，而我国现有的食品安全技术措施与国际水平不接轨的原因之一就是没有广泛采用危险性评估技术，特别是对化学性和生物性危害的暴露评估和定量危险性评估，如沙门氏菌、疯牛病等均未进行暴露评估和定量危险性评估。近年来，发达国家纷纷建立了从源头治理到最终消费的监控体系以保障食品的安全，广泛采用“良好农业规范”（GAP）、“良好兽医规范”（GVP）、“良好生产规范”（GMP）和 HACCP 等先进的安全控制技术，对提高食品质量安全十分有效。而在实施 GAP、GVP 的源头治理方面，我国目前所掌握的科学数据尚不充分，在采用 HACCP 方面，食品企业才刚刚开始，缺少覆盖全行业的 HACCP 指导原则和评价标准。

4. 我国标准体系中安全指标与国外比较

几乎所有发达国家的乳品标准大都严于国家标准：发达国家通过采用较高的乳品标准，筑起乳品安全防线，既保护了本国消费者的健康，又维护了本地的产业。我国现有乳品标准低于国际标准，有的甚至没有技术要求：在对进乳品检验时，只进行极为普通的一般项目卫生检验，使得我国在乳品安全和国际乳品贸易中处于较低的保护水平。全球乳品的安全指标分为污染物、微生物、药物残留和食品添加剂四大类。

（1）污染物指标。具体可以分为重金属、非金属元素：其中重金属主要包括铅、总汞、总砷、铬和镉等；非金属残留主要包括硝酸盐、亚硝酸盐和真菌曲霉素等。

澳大利亚、新西兰标准中对重金属的规定较为严格，如对铅的最高残留标准是 0.1mg/kg，如果是供婴幼儿食用的，其标准为 0.02 mg/kg，澳新标准对总砷的最高限值是 1 mg/kg，镉的最高限值为 0.05 mg/kg，对汞、铬、锡等元素未做要求；根据我国 GB2762—2017《食品安全国家标准　食品中污染物限量》（含第 1 号修改单）的要求，乳及乳制品（生乳、巴氏杀菌乳、灭菌乳、发酵乳、调制乳）中铅最高限量为 0.05 mg/kg，婴幼儿配方食品（液态）为 0.02 mg/kg；乳制品中对总汞的最高限值是 0.01 mg/kg，总砷为 0.1 mg/kg，对采用镀锡薄板容器包装的产品锡 250mg/kg，对镉等未做要求（表 1–9）。

表 1–9　重金属最高残留值比较　　单位：mg/kg

重金属种类	澳大利亚、新西兰	中国
铅	0.1 婴儿奶粉 0.02	0.05 婴幼儿配方食品（液态）0.02
总汞	无	0.01
总砷	1	0.1

（续表）

重金属种类	澳大利亚、新西兰	中国
铬	无	0.3
镉	0.05	无
锡（采用镀锡薄板容器包装）	无	250 婴幼儿配方食品 50

我国标准 GB 2762—2017 仅规定了乳及乳制品的亚硝酸盐限量，未对硝酸盐作规定，生乳和乳粉的亚硝酸盐限值分别为 0.4 mg/kg 和 2.0 mg/kg；规定了婴幼儿配方食品（乳基）产品中亚硝酸盐最高限量为 2.0 mg/kg，硝酸盐最高限量为 100 mg/kg；真菌霉素类中，我国主要检测乳及乳制品中黄曲霉毒素 M_1，其最高限值是 0.5μg/kg；澳新标准中要求黄曲霉毒素 M_1 不得检出，此外还要求检测丙烯腈和聚乙烯绿联苯类，最高限值分别为 0.02μg/kg 和 0.2μg/kg。CAC 中对乳制品中黄曲霉素 M_1 的最高限值与我国相同，为 0.5μg/kg。

（2）微生物指标。由于乳品本身所含的营养物质丰富，极容易滋生细菌。因此各国政府对乳品采取严格的监控措施。在致病菌方面，一般对沙门氏菌、单核细胞增生李斯特氏菌、弯曲杆菌、产气荚膜梭菌以及大肠杆菌要求不得检出，而对大肠埃希氏菌、金黄色葡萄球菌则有不同的限量标准。

乳品微生物的检测项目的多少和指标，反映了乳品安全标准的严格程度与安全水平：新西兰乳品微生物的检测项目主要有：30℃需氧微生物、霉菌、酵母、粪大肠菌群、大肠埃希氏菌、单核细胞增生李斯特氏菌、沙门氏菌、凝固酶阳性葡萄球菌、蜡样芽孢杆菌、弯曲杆菌、产气荚膜梭菌和乳酸菌。澳大利亚针对乳品微生物检测项目主要有：30℃需氧微生物、30℃、55℃及室温条件下菌落不生长标准平板计数、粪大肠菌群、单核细胞增生李斯特氏菌、沙门氏菌、凝固酶阳性葡萄球菌、弯曲杆菌、蜡样芽孢杆菌、霉菌以及酵母。食品法典委员会开展的乳品微生物检测项目主要有：需氧嗜温菌、大肠菌群和沙门氏菌。我国则将牛乳分为 4 个等级，计算平皿菌落总数；乳品要求检测菌落总数、大肠菌群、致病菌、酵母和霉菌。此外，需氧微生物也是乳品常规检测项目。澳大利亚、新西兰与我国乳品菌落总数指标比较（表 1–10）。

表 1–10　澳大利亚、新西兰与我国乳品菌落总数指标比较

国家	乳品分类	颁布数值（CFU/mL）
澳大利亚	巴氏消毒	$m = 5 \times 10^4$ $M = 1 \times 10^5$
	巴氏消毒制品	$m = 5 \times 10^4$ $M = 1 \times 10^5$
	未巴氏消毒	$m = 1.5 \times 10^5$ $M = 2.5 \times 10^5$

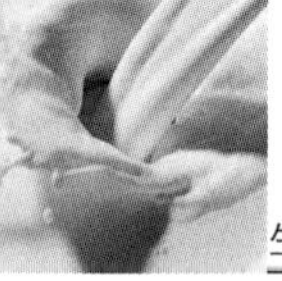

（续表）

国家	乳品分类	颁布数值（CFU/mL）
新西兰	巴氏消毒	$m = 5 \times 10^4$
	生乳	$m = 1.5 \times 10^5$
	生乳（即食）	$m = 5 \times 10^4$ $M = 1.5 \times 10^5$
中国	/	2×10^6

就单从乳制品微生物检测项目来看，新西兰和澳大利亚对乳制品的监控比较严格：除了需氧微生物和大肠菌群，还要检测 5 项或以上的致病菌。CAC 的乳制品控制相对宽松。我国乳制品的菌落总数标准相对比较宽松，只将牛乳分为 1 个等级，而且生乳的菌落总数高于澳新国家生乳，这意味着我国目前生乳质量安全水平在新西兰等国家都不能作为液体奶的原料。2017 年我国启动了对 GB19301—2010《食品安全国家标准　生乳》修订工作，对菌落总数等指标进行了修订，目前新版标准还未公布。

（3）药物残留指标。乳品中的药物残留是主要的安全因素，国外标准如下。

—— CAC 法令及指标特点：安全第一是国际药物使用的通行准则。FAO 和 WHO 联合组成的农药残留专家联席会议（JMPR）定期对 CAC 提出的最大容许残留标准的农药进行评价。CAC 基于评价的数据制定最大残留限量标准。这就表明 CAC 不是盲目制定大量的标准。而是在毒理评价的基础上科学地制定。并且 CAC 的标准已经是国际贸易的仲裁标准。如 CAC 根据实际使用及毒理评价，认为 17-*β*- 雌二醇作为一种生长促进剂，不太可能对人类身体健康造成危害，做出不需制定残留限量标准的规定。

——欧盟法令及指标特点：欧盟规定了 10 种动物源性食品生产中禁用的物质，包括氯霉素、氯仿、秋水仙素、氨苯酚、甲硝唑、硝基呋喃等。另外，有些药物欧盟 1998 年就禁止使用，如喹乙醇和卡巴氧，禁止杆菌肽锌、泰乐菌素、维吉尼霉素和螺旋霉素等药物作饲料添加剂。欧盟利用自己先进的科技水平以及较高的实验室检测能力，在兽药最高残留限量指标的制定上具有先进性，欧盟对于第三国的畜禽产品实行标准认证，只有符合欧盟指令的标准才准许进入。积极采用欧盟先进合理的指标将有利于中国提高动物源性产品安全卫生质量，加快与先进国家和组织的标准接轨。

——美国法令及指标特点：美国在兽药残留方面所规定的标准限量比较多，限量指标没有欧盟要求严格，较符合中国的生产实际，可操作性强。FDA 近日公布了在进口动物源性食品中禁止使用的 11 种药物名单：氯霉素、克伦特罗、己烯雌酚、二甲硝咪唑、其他硝基咪唑类、异烟酰咪唑、呋喃唑酮、呋喃西林、磺胺类药物、氟乙酰苯酮和糖肽。进入美国的畜禽产品必须来自经 FSIS 认可的国家和厂家，列入 FSIS 残留监控计划的药物包括：四环素、土霉素、金霉素、青霉素、庆大霉素、链霉素、壮观霉素、红霉素、替米考星、新霉素、黄霉素、杆菌肽、潮霉素、新生霉素、林可霉素、螺旋霉素、氯霉素、有机砷、阿维菌素、卡巴氧、地塞米松等。

——日本法令及指标特点：日本兽药残留标准项目不多，但是要求很严。尤其是抗生素均为不得检出。继美国之后，日本对中国的动物源性食品每批均检测 11 种药物残留物质。由于日本兽药的分类与中国相差较大（抗生素为一类），且指标限量要求很严，均为不得检出，不符合中国的实际情况，故暂不采用。出口日本的动物源性食品的企业要自觉维护自身利益和形象，提高自我保护意识，规范内部管理和相关药品使用，用国际上较高的或出口目的地国标准来指导自己的生产管理行为。

我国与国际先进标准的比较如下。

农药残留：农药等化学残留物一直是食品质量及安全性的一个指标，在牛乳生产中必须采取措施以防止超标残留，减少非超标残留物、次要残留物的含量。不允许存在的农药残留物包括：杀虫剂、除草剂、杀真菌剂、熏蒸剂及杀菌剂等。斯德哥尔摩公约规定的 12 种全球性污染物包括艾氏剂、氯丹、狄氏剂、异狄氏剂、七氯、灭蚁灵、毒杀芬、滴滴涕、六氯苯、多氯联苯等化合物。这些药物在我国有使用或曾经使用过，对环境有一定污染，在动物体内可能会有残留。

由表 1–11 可以看出，中国乳及乳品中有林丹、滴滴涕 2 项严于国外。CAC 关于滴滴涕（0.05mg/kg）宽于中国（0.02mg/kg）限量，林丹与中国限量相同；欧盟滴滴涕（0.04mg/kg）宽于中国（0.02mg/kg）限量；德国 *α*- 六六六（0.04mg/kg）、*γ*- 六六六（0.075mg/kg）宽于中国（0.02mg/kg）限量，林丹（0.2mg/kg）宽于中国（0.01mg/kg）限量；英国 *β*- 六六六（0.003mg/kg）、*γ*- 六六六（0.008mg/kg）、六六六（总和）（0.004mg/kg）严于中国（0.02mg/kg）限量，滴滴涕（0.04mg/kg）宽于中国（0.02mg/kg）限量。

表 1–11　不同国家农药残留限值对比　　单位：mg/kg

农药名称	中国	CAC	欧盟	德国	英国
林丹	0.01	0.01	—	0.2	—
滴滴涕	0.02	0.05	0.04	—	0.04
六六六（总和）	0.02	—	0.04	—	0.004
α- 六六六	—	—	—	0.04	—
β- 六六六	—	—	—	0.075	0.003
γ- 六六六	—	—	—	—	0.008

六六六在我国早已禁用，建议借鉴更为严格的英国标准，乙酰甲胺磷、敌百虫、倍硫磷、敌敌畏、克百威、除虫，氯氰菊酯在我国粮食中使用较多，建议参照 CAC 和澳新标准，合理设置限值。在 2021 年 9 月 3 日即将实施的 GB 2763—2021《食品安全国家标准　食品中农药最大残留限量》中增加了生乳中农药残留临时限量要求，比如：2,4- 滴

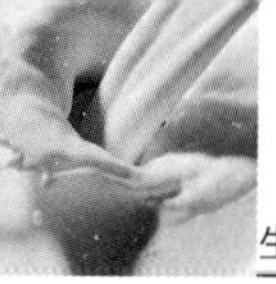

和2,4-滴钠盐（0.01mg/kg）、2甲4氯（钠）（0.04mg/kg）、矮壮素（0.5mg/kg）、百草枯（0.005mg/kg）、百菌清（0.07mg/kg）、苯并烯氟菌唑（0.01mg/kg）、苯丁锡(0.05mg/kg)、苯菌酮（0.01mg/kg）、苯醚甲环唑（0.01mg/kg）、苯嘧磺草胺（0.01mg/kg）、苯线磷（0.005mg/kg）、吡虫啉（0.1mg/kg）、吡噻菌胺（0.01mg/kg）、吡唑醚菌酯（0.03mg/kg）、吡唑萘菌胺（0.01mg/kg）、丙环唑（0.01mg/kg）、丙硫菌唑（0.01mg/kg）、丙炔氟草胺（0.02mg/kg）、丙溴磷（0.01mg/kg）、草铵膦（0.02mg/kg）、虫酰肼（0.05mg/kg）、除虫脲（0.02mg/kg）、敌草腈（0.01mg/kg）、敌草快（0.01mg/kg）、敌敌畏（0.01mg/kg）、丁氟螨酯（0.01mg/kg）、啶虫脒（0.02mg/kg）、啶酰菌胺（0.1mg/kg）、毒死蜱（0.02mg/kg）、多菌灵（0.05mg/kg）、多杀霉素（1mg/kg）、噁唑菌酮（0.03mg/kg）、二苯胺（0.01mg/kg）、溴氰虫酰胺、乙烯利（0.01mg/kg）、异丙噻菌胺（0.01mg/kg）、艾氏剂（0.006mg/kg）、滴滴涕（0.02mg/kg）、狄氏剂（0.006mg/kg）、林丹（0.01mg/kg）、六六六（0.02mg/kg）、氯丹（0.002mg/kg）、七氯（0.006mg/kg）等农药残留的限量。

兽药残留：兽药残留物多为生长促进剂、抗生素的残留，对人体健康影响较大的兽药及药物添加剂主要有抗生素类（青霉素类、四环素类、大环内酯类、氯霉素类等）、合成抗生素类（呋喃酮、恩诺沙星等）、激素类（己烯雌酚、雌二醇、丙酸睾丸酮等）、肾上腺皮质激素、β-兴奋剂、安定类、杀虫剂类等。其中有的药品是国家严禁生产销售使用的药品，如己烯雌酚、β-兴奋剂等，CAC、欧盟、美国、日本在乳及乳制品的兽药残留的指标设置较为完善。

在兽药残留控制方面，CAC与我国兽药残留相同项共有14种，欧盟与我国兽药残留相同项共有32种，美国与我国兽药残留相同项共有10种，日本与我国兽药残留相同项共有6种。国外兽药残留控制的种类有阿苯达唑（丙硫苯咪唑）、丙硫苯咪唑氧化物、属于磺胺类的所有药物、顺式氯氰菊酯、咔唑心安、头孢乙腈、头孢氨苄、头孢洛宁、头孢匹林/头孢吡硫、头孢喹琳、头孢呱酮、氯地孕酮、三氯叔丁醇、盐酸克伦特罗（瘦肉精）、黏菌素/黏杆菌素、氯氟氰菊酯、氯氰菊酯、地塞米松、双氯西林、双氢链霉素、重氮氨苯脒/三氮脒等57种兽药。

（4）食品添加剂。乳制品中的食品添加剂主要是防腐剂和香精，还包括稳定剂、同化剂、酸度调节剂、防结块剂、色素，等等：食品法典中对各类乳制品中允许使用的食品添加剂的种类和用量都有明确的规定。而我国的现行规定过于笼统，没有每种乳制品针对性的规定。建议参照CAC标准，完善现行标准。

生乳质量安全问题主要原因

第一节　生乳生产

生乳生产位于乳业产业链的最上游，其质量安全将直接影响到乳制品的质量与安全。奶牛是一个生物体，要以饲料维系其生命和生产，以药物治疗其疾病，造成牛乳质量安全的因素比较多，主要包括如下内容。

目前我国原料乳的质量参差不齐，奶源质量问题是困扰我国乳业发展的关键性问题，特别是生乳质量问题，制约着我国乳制品质量和档次的提升。奶源质量问题主要表现为生产方式、饲养技术与管理相对落后，良种覆盖率低，单产水平低，疫病形势严峻，因而生乳生产水平低，质量难以控制，品质低下。

一、养牛业规模小，饲养管理技术落后

我国的奶牛养殖方式主要是农户小规模分散饲养，90% 以上的奶牛饲养在农民家里，其主要特点是“小、散、低”。饲养技术差与管理水平低是制约我国奶牛业发展的重要因素。我国广大农户家庭的小规模分散饲养，使得分群阶段饲养、规范化饲料供给、全混合日粮饲喂、科学合理营养搭配等先进饲养管理技术缺乏推广实施的条件，难以充分发挥奶牛的生产潜力。我国荷斯坦良种奶牛比重约 1/3，而发达国家的良种覆盖率 80%~100%（图 2–1）。与乳业发达国家相比，我国的奶牛单产还处于较低水平。目前世界上主要国家成母牛平均单产在 6 000kg 以上，如美国为 8 400kg、加拿大为 6 935kg、日本为 7 447kg、韩国为 7 017kg。我国除北京、上海等地单产水平接近欧美发达国家外，大部分成年荷斯坦牛的成母牛平均单产仅为 3 500kg，奶牛的种质仍远低于乳业发达国家（图 2–2），且乳脂率、乳蛋白含量等指标也低于发达国家。我国 2~3 头奶牛才相当于发达国家 1 头高产奶牛，严重制约了乳类总产量的增长和生产效益的提高。

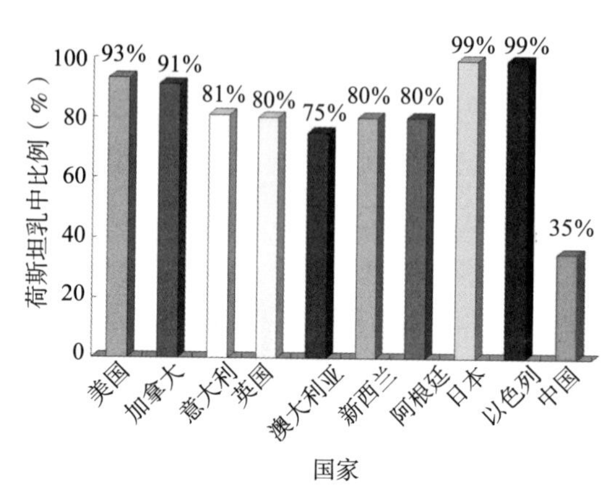

图 2-1　世界主要国家的荷斯坦奶牛比例

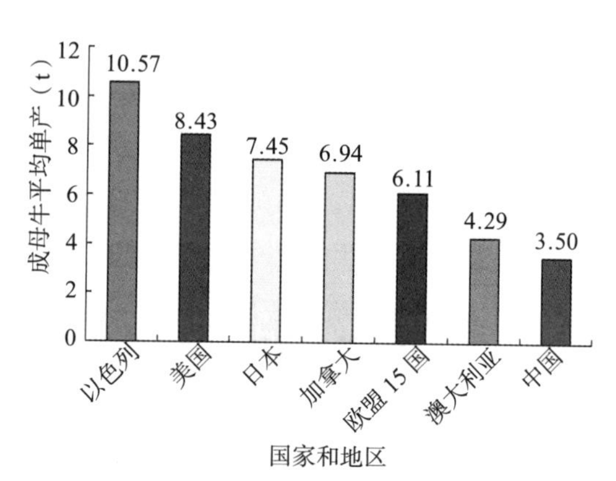

图 2-2　2002 年中国与发达国家的成母牛平均单产比较

二、饲料质量安全水平低

奶牛的饲料安全问题是乳制品安全的一个源头。青绿饲料和优质牧草是奶牛健康、优质、高产的保障，为确保奶牛的采食量和正常的消化机能，在饲料日粮中，一般要求青干草和青贮料应不少于日粮干物质的 60%。但我国牛乳生产除了大型国营和集体奶牛养殖区青干草和青贮料比较充足外，广大农村牧区专用饲草饲料种植基地还比较少，不能满足奶牛发展的需要，经营也比较粗放。这种粗放的饲养方式很难考虑营养价值以及与其他饲料的合理搭配问题，奶农仍以自拌料为主，质量较低，饲料结构单一，既做不到按合理比例搭配精、青、粗饲料，也做不到按照奶牛生长及发育和产奶需要合理搭配混合日粮，造成各种奶牛代谢疾病。全价配合饲料的数量和品质也不适应生产发展的要求，一般来讲，配合饲料正常的颜色和香味来自饲料组分，具有异味的饲料会影响饲养效果和牛乳质量。在市场竞争中，有些饲料生产企业只做表面文章，不管饲料内在质量，用价格来定配方。为了降低价格，加入大量低质蛋白饲料等，导致牛乳质量下降。有些厂家为了迎合用户不成熟的消费心理，在饲料中添加大量的人工色素、人工香味剂，使饲料的外观颜色改变，颜色金黄香气扑鼻，而内在质量低劣。不少企业香味剂的添加基本依靠人的主观想象，没有经过研究和试验，还有的奶户使用国家明令禁止的药物和添加剂。一旦奶牛摄入了这些饲料，就可能将异物导入其所分泌的牛乳中，直接影响产奶的质量与安全。

饲料造成的乳品质量安全问题主要有以下内容。

（1）饲料农药残留。农药（如杀虫剂、除草剂等）污染与残留问题备受国内外关注，世界许多国家的专家呼吁，禁止在动物饲料中使用抗生素。饲料与乳品安全密切相关，因为牛乳是牛体的产物，是饲料的转化物，所以也不例外地含有饲料中的药物。目前全世界农药有 500 多种，年产量 400 多万 t，有些农药也通过饲料进入乳汁或残留在肉中，人食用后可引起中毒。现已能检测出牛乳中残留的多种药物（抗生素、激素等）。

（2）饲料变质的残留物。在炎热多雨季节，储存及运输途中的饲料往往因水分含量过高而容易受到黄曲霉菌、灰曲霉菌、寄生曲霉菌、镰刀霉菌和赫曲霉菌等有毒菌的污染而霉变，这些有毒菌能产生多种毒素（如黄曲霉毒素等），它们的毒性大，不但能引起畜禽中毒甚至死亡，还严重危害人体健康。

（3）饲料不洁残留物。如果饲料被污染，则被污染的饲料中的有害微生物及毒物通过牛消化道进入牛体，最后混进牛乳，危害消费者。

（4）饲料添加物。若在饲料中超标添加饲料药物添加剂（主要是抗生素）、毒性物质（氯化钴、碘化钾、硒化物等），也可经牛体吸收进入牛乳，成为不安全因素。

三、兽药残留严重

兽药，特别是抗生素在防治疾病及促进动物生产性能上起了非常重要的作用。但如果长期使用，就会使得动物体内致病菌产生不同程度的抗药性。现在科学家已经发现了不少能同时抵御多种抗生素（如青霉素、氯霉素、链霉素、磺胺类药物、四环素等）的沙门氏杆菌菌株。有些激素（如已烯雌酚）残留在乳品中可使饮用者产生一定的生理变化，如女孩性早熟，男孩女性化等。残留有硝、碱、色素、漂白粉的乳品可引起人的蓄积性慢性中毒。世界上抗生素总产量的一半用于畜牧养殖业，抗生素在奶牛养殖业中用量很大，它的长期应用，可导致奶牛体内菌群失调、耐药性增强，疾病难以彻底治愈，残留增多，严重影响人体健康。畜产品中药物残留对人的危害主要有头晕、恶心、急慢性中毒、过敏反应、耐药性、激素调节紊乱引起的性早熟，此外还有环境污染等问题。

四、疫病形势严峻，奶牛人畜共患病时有发生

疫病防治的断链和抗生素类兽药的大剂量应用，使病菌和病毒耐药性增强，导致许多危险性人畜共患传染病，如口蹄疫、布鲁氏菌病、结核病、沙门氏菌病、钩端螺旋体病、焦虫病等时有发生，这些致病物质通过乳腺进入乳汁，给消费者健康造成严重威胁，对乳制品行业提出了严峻的挑战。

五、饲养环境质量差

环境是对某一特定生物体（或群体）产生影响的一切外在事物的总和。食品的生产都是在特定的环境下进行的，环境的质量直接影响食品安全状况。乳制品的质量安全与奶牛饲养环境和乳品的加工环境条件有着密切的关系。生乳生产环境不良，会直接造成环境中的有害物质经由生物食物链条传递并浓缩于牛乳之中，最终导致生乳质量下降，带来安全隐患。目前我国的奶牛养殖方式基本还是农户散养和小区集中饲养两种饲养方式。农户的奶牛多分散饲养在村前屋后，由于粪便得不到及时、科学处理，环境卫生十分恶劣，再加上防疫意识淡薄，人牛互相感染疫病时有发生。而在一些集中饲养小区或饲养场，虽然相比较奶牛散养来说较重视奶牛饲养卫生，但也由于缺乏环境意识，大量堆积的粪便得不到

及时处理，致使对周围环境产生不利影响。

（1）奶牛饲养和牛乳加工中的水环境。对乳制品的质量安全有很大的影响。从国家质检总局的检测结果看，很多乳制品的质量安全问题是由于奶牛饮水不洁造成的。而造成硝酸盐、亚硝酸盐超标的主要原因是生产用水中硝酸盐含量较高和原料乳检测超标。大气环境等也对乳品的质量安全产生了较大影响。

（2）牛舍的清理消毒状况。牛舍内通风不良，卫生状况差会增加空气中的尘埃含量，这些尘埃大都含有大量细菌，是污染的重要来源。若牛舍不进行及时打扫清理，牛体表面很容易附着粪便、土壤、饲料等污染物，这些污染物每克含菌量可达几亿到几十亿个，所含的菌多数属于带芽孢的杆菌和大肠菌等，这些细菌随挤奶过程进入牛乳而造成污染。但是据调查，农户每天对牛圈的清理只进行一次，清理时间较短，而对牛舍进行药品消毒的农户就更加有限，因此牛舍的卫生、清理、消毒状况已经成为影响乳品安全的一大隐患。

第二节　奶站——原料奶的储运

目前大型的乳制品加工企业一般由奶站来收购奶户或奶牛养殖区的牛乳。健康奶牛所分泌的原料奶处于相对无菌状态，但从原料奶被挤出到运往工厂车间需要经过几个环节，这些环节几乎全都发生在奶站，每一个环节都不可避免地受到污染。所以奶站作为牛乳加工之前的一个中转环节，对乳制品的质量安全有着很大的影响。

一、挤奶设施卫生状况

以微生物为例，奶牛受污染主要有 3 个途径，即牛乳房内、牛乳房表面和挤奶和储藏设备。这些途径都与奶站有着密切的关系。牛乳房内的微生物需要奶站加以检验，乳房表面和挤奶、储藏设备中的微生物都由奶站直接控制。目前大部分奶站建成后，向乳业加工企业交奶一般都需要企业的认可，因此，挤奶、储奶、运奶设备均是按照企业标准建设，质量基本可以保证。然而奶站无法控制因农户环节造成的微生物含量，而企业在收购牛乳时又会做严格检查，所以奶站会在挤奶、储奶、运奶过程中尽量减少机器设备对牛乳的二次污染，以达到企业要求的标准。机械挤奶时牛乳中微生物的污染来源主要是奶站的挤奶设备如容器管道等，特别是管道式挤奶器，生乳从管道式挤奶器流入储奶槽时，管道的各部分都是用胶垫连接，这种连接处容易造成二次污染；挤奶时奶牛乳房的清洁程度，挤奶人员的卫生情况，也是决定细菌污染水平的主要因素；所以奶站环节中的挤奶设备、储奶设备、运奶设备对牛乳质量的影响也会较大，一些杂菌、大肠菌、芽孢菌以及臭气等都可以从空气中进入挤奶设备和生乳中。

二、生乳运输环节中的微生物污染

牛乳挤出来要经过冷却处理，因为刚挤出来的乳的温度约为 36℃左右，正是微生物繁殖最适宜的温度，如果不及时冷却，混入乳中的微生物就会迅速繁衍，使乳的酸度升高，安全性降低，影响乳的储存时间和质量。由于冷链系统不完善，无法实现低温运输、储存，虽然健康奶牛所生产的原料奶处于相对无菌状态，但它从被挤出到运往乳品加工厂期间的每一个环节都不可避免地受到微生物的污染。这些微生物主要来源于牛体、乳头及乳房外表面，牛舍及附属设施，挤奶过程及挤奶设备、挤奶员的不当操作，水、储奶设备、运奶设备等，奶牛养殖区生产环境、饲养管理、防疫工作（健康检查、疫苗接种）、疾病（乳腺炎、布鲁氏杆菌病、结核病）等也可能引起微生物污染。一般性的微生物繁殖时会产酸，导致牛乳酸度改变，使其蛋白质变性而变质；多数微生物的代谢产物是有毒的；多种致病菌（如葡萄球菌、结核杆菌、沙门氏菌等）如果直接进入生乳而被食用会引起食物中毒。总之，牛乳属极易被污染的高危险性食品。乳中微生物种类多、数量高，不仅会引起牛乳变味，而且还会使杀菌失败，保质期缩短，进而引起牛乳及其制品变质，传播疾病，危害人体健康，成为安全隐患。

三、人为掺假

生乳掺假问题也由来已久，掺假物质主要有以下 5 种。

1. 豆浆、淀粉、米汤、食盐、水和劣质水解蛋白

有些生乳生产者、乳制品加工企业及销售点为了降低原料的用量、节约成本、追求高额利润，来提高蛋白质含量。震惊全国的阜阳劣质奶粉事件就是由于蛋白质含量低，造成因为营养成分比例没有达到标准配置，影响儿童正常发育。

2. 碱性物质

生乳在挤出 2h 后，如果未经过妥善处理，细菌等微生物会成倍增加，有些生乳生产者为了延长鲜牛乳的存放时间，加入碱性物质以降低酸度，如碳酸氢钠、碳酸钠及氢氧化钠等。

3. 过氧化氢、硝酸钠、苯甲酸盐、甲醛、山梨酸盐等

掺加这些化学防腐剂是为了降低微生物水平，延长保质期，这些物质都会对人体造成危害。

4. 加入滑石粉、石膏粉、尿素、化肥、工业纤维素等

掺加这些物质是为了增加乳的稠度、比重，这些掺假牛乳质量低下，严重影响消费者健康。

5. β-内酰胺及 β-内酰胺酶

有的厂商在原料奶已经变质的情况下，通过掺入 β-内酰胺，如青霉素，杀死细菌，

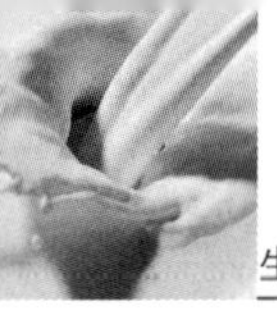

然后加入 β-内酰胺酶，降解 β-内酰胺，达到稳定生乳的性状，蒙混过关的目的。

四、生乳收购检测手段落后

生乳收购过程缺乏严格监管，检测技术不过关、方法不配套、检测成本高，检测、检验宽松，不能很好执行相关质量安全标准，也是乳制品安全问题的主要原因之一。与发达国家相比，从增加产量型技术向提高质量和效益型技术，从初级技术向高、深、精技术的转变过程仍然比较缓慢，检验、检测技术也比较落后。目前我国尚未推荐降解速率快的国产高效低残留抗生素，奶牛养殖区兽医依然使用原来的抗生素对病牛进行治疗，由于检测设备价格贵、试剂费用高，对奶牛养殖区牛乳进行抗生素检测的成本高，检测的项目较少，许多乳制品加工企业在收购生乳时对其中的抗生素含量根本不进行检测或只是抽查。不少“有抗奶”依然可以堂而皇之地以“合格产品”的面目走上百姓餐桌。从目前状况来看，部分中小乳制品企业生产技术落后，加工设备陈旧，甚至连基本的检测手段都不具备。根本不可能控制含有残留和有害成分的原料，生产的产品质量很难达到严格的质量标准。另外我国乳品质量行业主管机构监督检测体系建设方面很不完善，没有相应的检测手段，也增加了乳制品质量安全问题的隐患。监测手段不足，是导致乳品质量安全问题的又一重要原因。

第三节　乳制品加工

乳制品加工企业对牛乳进行加工的主要作用首先是使牛乳成为便于运输、储藏的商品。我国干乳制品中 70% 的产品是奶粉，通过将牛乳加工成奶粉而延长牛乳的保质期，使之便于运输和储存，降低储运成本，从而调剂各地鲜乳的供应和余缺，并使过剩的牛乳不至于失去使用价值。乳制品加工企业一方面扩大了人们牛乳的消费，使人们通过消费这些乳制品加强营养，成为提高人们生活水平的重要手段，另一方面在加工这个环节上也可能造成乳制品质量出现安全问题。乳制品加工企业引发质量安全的环节和因素很多，主要是加工企业的生产工艺和技术水平、设备设施条件和状态、内部质量控制制度及其执行情况、厂区的环境质量和条件、操作人员的健康状况等。这些因素都会对乳品的安全状况产生影响。乳制品污染是指乳制品受到有害物质的侵袭，造成乳制品安全性、营养性和感官性状发生转变的过程。如果不按照生产规范加工，则会使物理的、化学的、生物的污染机会加大，造成乳品污染。

目前我国的大型乳制品加工企业的生产技术和设备条件及质量安全管理水平都比较高，加工环节能够保证乳品的质量安全。主要的问题是引进新技术、新资源也会带来食品安全问题，如采用食品加工新技术、新资源，可能对人体带来潜在的危害，包括益生菌、酶制剂、食品添加剂、新的包装材料等。小型乳品加工企业的质量安全问题较多。

与发达国家的乳业相比，我国乳制品加工企业规模偏小，技术水平相对落后。现在我国乳制品企业有 1 600 多家，其中属大型企业有内蒙古伊利、上海光明、内蒙古蒙牛、黑龙江完达山和北京三元等 5 家，2003 年全国国有及年销售收入 500 万元以上的非国有企业共有 561 个，占乳制品企业的 1/3，其余 1 000 多家属于中小型企业。我国乳制品加工企业的水平参差不齐。发达国家的乳制品加工企业随着奶牛养殖区规模的扩大，牛乳产量的不断增长，也在不断地增加对原奶的收购和扩大加工能力，产品质量和生产工艺水平不断提高，乳制品工业集约化趋势十分明显。我国的几个大型乳制品加工企业和一部分中型乳制品加工企业的加工设备和工艺比较先进，但是其他企业，特别是众多小型企业设备陈旧，工艺落后，生产水平很低。乳品质量安全方面的问题，往往发生在这些小型企业上。

第四节　流通和消费

乳制品加工企业在乳品流通和消费环节中也起着至关重要的作用，我国乳品的销售网络往往是由乳制品加工企业建立起来的。一些实力雄厚的乳制品企业所建立的庞大而完善的销售网络甚至参与了从奶牛养殖区直到消费者的全部流通过程，使其产品可以顺畅地销售到全国各地乃至国外。乳制品流通领域包括运输、储存等环节。乳制品具有易腐变质、保鲜难的自然属性，同时生产规模小而分散，生产主要分布在城郊及农村牧区，而消费市场集中在城市，流通渠道多，参与流通的人员复杂。乳品的这些特点决定了流通环节容易出现食品安全问题，例如乳品的储藏、运输、流通的方法和条件对乳制品安全也有影响。乳制品从生产加工至到达消费者手中，必然要使用各种运输工具运输。在运输过程中，常常由于违反操作要求而造成微生物、化学物污染，如运输车辆不清洁，在使用前未经彻底清洗和消毒而连续使用，严重污染乳制品；或在运输途中，包装破损受到尘土和空气中微生物、化学物质的污染；乳制品的规格不够多样化，包装也不够完善。或者是在乳制品流通和销售过程中由于流通时间过长，导致产品过期，质量安全出现问题的现象发生。

乳制品安全的重点首先是乳品的生产安全，在乳制品生产安全性得到保证的情况下，乳品消费安全也是一个重要的方面，这点常常是被忽视。事实上很多质量问题多数是由于不恰当的食用方法造成的。对于需要冷藏的保鲜乳，不能断了它“冷链”，无论是保鲜牛乳还是常温的牛乳，包装打开以后，一定要放在冰箱里保存，同时也应该在 2d 内饮完。有了对产品科学的认识，进而正确使用这些产品，就能大大提高乳品的安全水平。

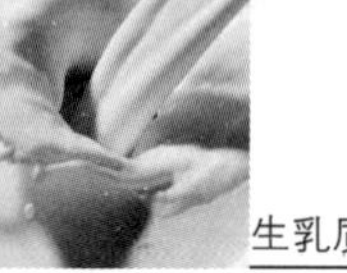

第五节 生乳生产组织方式

我国乳业的生产组织方式存在缺陷，是造成生乳质量安全的一个主要原因。

一、散户饲养下难以控制生乳的标准和质量

目前我国国内企业大多采用“公司 + 农户”的方式组织原料奶的生产，奶牛养殖的主流模式是农户散养，这种农户小规模饲养方式的养殖规模小，单产水平低，公司与农户的关系比较松散，这种经营方式的最大问题就是无法使农户避免机会主义倾向，难以监控农户在短期利益驱使下的不规范行为，影响原料奶质量。尽管国内各大型乳品企业均宣称自己收购原料奶之前都会进行严格的检测，但业内人士坦承，在散养的条件下，各家各户的饲养管理方式不同，奶牛出现的问题也各种各样，由于信息的不对称，奶站或乳制品企业很难及时发现奶牛或牛乳的问题。而且对每头奶牛进行全面检测是不可能的，更重要的是，这种检测基本上是一种事后的质量控制，无法从源头上确保生乳的品质安全，这与 HACCP 体系的预防原则相背。

二、利益分配机制不健全

奶牛养殖业在农业中属于资金密集型产业，而大部分乳制品企业与农户的关系主要还是生乳的购销联系，没有产权关系，缺乏强有力的利益纽带，奶牛的投资风险都由农民承担，在这样的状况下农户的投机行为就难以避免，生乳的品质就难以保证。由于质量安全信息的不对称，消费者根本无法真正辨别乳品质量安全的优劣，这就为经营者在利益的驱使下低成本生产劣质乳品，从而获得超额利润创造了条件。所以从这个角度来讲，利益分配机制不健全也是乳品质量安全问题产生的一个重要原因如下。

1. 获利动机导致奶牛饲养违规操作

奶牛饲养对周围环境、牛舍、水源、饲养方法都有较高要求。但为了获取高额利润，一些养殖人员在环境条件不符合要求的地方选址建舍，且不按标准建设牛舍，使饲养卫生环境难以达标；为了节约成本，减少水源净化设置，导致水源卫生难以达标；还有部分饲养人员为了解决水源不卫生给奶牛造成病害的难题，在饲用水、饲料中混入兽药，造成兽药残留特别是抗生素残留超标，给人类健康造成危害。

2. 为牟取暴利导致生乳掺杂使假

生乳供给环节中存在多种掺杂使假行为，农户为提高牛乳产量往饲料里添加化学药品；奶站为了增加利润往牛乳里加水，乳制品加工企业为了增加利润添加防腐剂，使用回炉过期乳制品做原料，采用还原奶等，每一环节经营者不加约束的逐利行为，都会给乳制品质量安全带来新的问题。

三、乳业食品安全政策法规管理体制

我国在乳品质量标准政策法规法律方面监管效力不够。近年来我国加大了技术性法规的制定，但是其立法层次较低，大多数属于推荐性标准，影响力有限。一些涉及畜产品质量安全的法规，对生产保护较多，惩罚一般以罚款、没收非法所得为主，至多取消营业执照，只对极个别社会危害极大的案犯实施刑罚。而具体到乳业法规就更不健全，缺乏规范乳业健康发展所需要的行业规范和法规体系。国家的乳业管理、生鲜原料奶管理、乳制品质量安全管理和乳制品市场管理等法规尚未制定。发达国家对原料奶和乳制品都有严格的质量标准、质量检测和监督体系，除加工企业自检外，还有第三方检测机构；对生乳的使用也有规定，如加工巴氏杀菌乳和超高温灭菌乳必须使用本土生产的生乳。加拿大制定了国家牛乳法，对农场牛厩建筑、牛乳生产和储存设施以及建筑物附近的卫生条件等进行规范，建立了如奶牛棚、挤奶室、储奶间和设备等标准；该法规还包括了动物的健康和福利、牛乳运输等方面的要求，并提出了牛乳质量包括化学和微生物质量的标准。我国当前尚未建立有效的从农场到餐桌的质量全程管理体系，即从奶牛饲料、奶牛养殖、牛乳收集、加工到销售的 HACCP 体系，仅限于乳制品和生乳的质量抽检，对生产全过程潜在危害点的研究和控制少。乳制品质量安全检测机构不健全、手段落后、认证能力不足、监督约束机制不健全、资金投入不足，不能满足乳制品质量安全管理工作的要求。

乳品质量安全管理机制不完善。我国乳品管理组织体系不协调，质量监管制度不健全。政府对乳品安全的管理尚未到位。缺乏系统的管理，重终端轻源头，重结果轻过程。目前我国对乳制品供应链的下游环节、乳制品销售的监管力度有所加大，但对上游的生产、加工行业的监管就显得薄弱，缺乏有效的过程控制。另外我国乳品质量管理部门涉及多个部门，这些部门构成了乳品质量监督管理体系，从各方面进行管理。按照管理体系设立的基本原则，目标一致、各司其职，相互配合的体系才是有效和完备的体系。但是我国在整个监管体系中存在断层与重复的现象；在法律、法规、制度措施的保障方面，我国缺乏先进的技术、完善的制度，造成监管上的许多漏洞。监管部门职责不清，出现监管的交叉与空白，没有形成统一协调的监管体系，监管的漏洞直接造成了乳品质量安全问题的出现。

第三章

生乳中主要危害因子的产生环节及预防手段

第一节　化学性影响的因素

非生物性污染（化学性）是指各种化学物质和重金属、药物杀虫剂、合成洗涤剂、饲料添加剂、食品添加剂及其他有毒化合物和放射性物质对乳及乳制品的污染。

农药：主要来源于被农药（杀虫剂、除草剂等）污染的饲料。该部分风险可以通过加强饲料质量管理而得到控制。主要有杀虫剂、除草剂等农药，它们来自被污染的饲料。

兽药：由于兽药的不合理使用或使用后收奶间隔时间控制不当，造成兽药残留风险。主要包括β-内酰胺类、磺胺类、喹诺酮类兽药。该部分风险可以通过加强兽药使用、记录与管理而得到有效控制。

有害元素：主要来源于奶畜饮用水、饲料以及周围环境，通过食物链进入动物体内，残留于乳汁中，主要有汞、铅、砷等有害元素；这些元素主要来自工业三废，通过食物链进入动物体内，残留于乳汁中。

硝酸盐和亚硝酸盐：硝酸盐在人体肠道内被还原为亚硝酸盐可引起中毒，乳和乳制品中残留的硝酸盐和亚硝酸盐主要来源于饲料、生产用水或人为掺假。

激素：目前多种激素用于畜牧业中，如雌二醇、催产素、黄体酮等均可引起残留。

掺假物：如动物水解蛋白、甘氨酸、三聚氰胺、尿素、脱盐率低的乳清粉、淀粉、火碱（氢氧化钠）、食用盐、工业用盐、硫代硫酸钠、苯甲酸、过氧化氢、抗生素结合酶、奶香精等。

水：最常见的一种掺假物质。加入量一般为5%~20%，有时高达30%。

电解质：为了增加乳的密度或掩盖乳的酸败，在乳中掺入电解质。

——中性盐类：为了提高乳的密度。在牛乳中掺入食盐、土盐、芒硝（Na_2SO_4）、硝酸钠和亚硝酸钠等物质。

——碱性物质：为了降低乳的酸度，掩盖乳的酸败。防止乳因酸败而发生凝结现象，常在乳中加入少量碳酸钠、碳酸氢钠、明矾、石灰水、氨水等中和剂。

——非电解质物质：这类物质加入水中后不发生电离，如在乳中掺入尿素、蔗糖等，其目的是增加乳的比重。

——胶体物质：一般都是大分子物质。在水中以胶体溶液、乳浊液等形式存在。能增加乳的黏度，感官检验时没有稀薄感。如在乳中加入米汤、豆浆和明胶等，以增加重量。

——防腐物质：为了防止乳的酸败。在乳中加入具有抑菌或杀菌作用的物质，常见的有 2 类，防腐剂：主要有甲醛、苯甲醛、水杨酸、硼酸及其盐类、过氧化氢、亚硝酸钠、重铬酸钾等；抗生素：主要有青霉素、链霉素、红霉素等。

——其他物质：在乳中掺入牛尿、人尿、污水、白陶土、滑石粉、大白粉和白鞋粉等物质。

第二节　生物性影响的因素

一、真菌毒素

乳与乳制品中黄曲霉毒素 M_1 来自饲料中的黄曲霉毒素 B_1，经过瘤胃代谢而成，在受热加工中不发生降解。

二、致病微生物

生乳中微生物可来自乳房内及挤奶环境，也可来自乳制品的生产加工和流通过程。微生物污染乳后，可引起乳的酸败和人的食源性疾病。

（一）微生物污染途径

1. 内源性污染

在生乳挤出之前受到了微生物的污染。当奶畜患有结核病等人畜共患病时，可引起乳的内源性污染。影响乳制品卫生的奶牛常见疾病有结核病、布鲁氏菌病、炭疽、口蹄疫、副伤寒和乳腺炎等，尤以布鲁氏菌病、结核病和乳腺炎等疾病最为常见。

2. 外源性污染

生乳挤出后被微生物污染，引起二次污染的微生物数量和种类比一次污染的要多且复杂，在乳制品微生物污染方面占有重要地位。可概括为以下 5 个方面。

（1）体表的污染、环境的污染、容器和设备的污染。乳制品在生产加工、运输及储存过程中，使用或接触不清洁的乳桶、挤奶机、过滤纱布、过滤器、冷却器、储乳槽、乳槽车、离心机等加工设备和包装材料，是造成乳品中微生物含量极高的主要来源。

（2）工作人员的污染，人员直接或间接污染。如：挤奶人员的手臂和衣服不清洁、患有传染病或挤奶和加工乳制品时操作不卫生，均会污染乳制品。

（3）加工过程污染。如原料乳经巴氏消毒时温度不达标、消毒时间不足而造成消毒效果达不到要求。

（4）流通环节的污染。

（5）其他方面的污染。包括生产用水不卫生、苍蝇和蟑螂等昆虫的滋生，也可造成乳制品的微生物污染。

（二）微生物污染种类

1. 细菌

（1）腐败菌。乳品中常见腐败菌有乳酸菌、丙酸菌、丁酸菌、大肠埃希氏菌、产气杆菌、枯草杆菌、巨大芽孢杆菌、蜡样芽孢杆菌、凝结芽孢杆菌、丁酸芽孢杆菌、酪酸梭状芽孢菌。它们来自饲料和环境，可引起乳的发酵。此外，乳中还有假单胞菌属、产碱杆菌属、小球菌属的细菌，它们存在于牛舍、饲料、粪便或环境中，使牛乳或乳制品发酵、酸败和氧化而变质。

（2）致病菌。乳中致病菌有几十种。常见的有金黄色葡萄球菌、牛分枝杆菌、溶血性链球菌、致病性大肠埃希氏菌、沙门氏菌、志贺氏菌、变形杆菌、炭疽杆菌、肉毒杆菌、布鲁氏菌、白喉杆菌和霍乱弧菌等。这些病原菌主要来源于病畜、病人和带菌者。

（3）噬菌体。噬菌体是侵入微生物中病毒的总称，故也称细菌病毒。它只能生长于宿主菌内，并在宿主菌内裂殖，导致宿主的破裂。当乳制品发酵剂受噬菌体污染后，就会导致发酵的失败，是干酪、酸奶生产中很难解决的问题。

2. 真菌

（1）牛乳及乳制品存在的主要霉菌有根霉、毛霉、曲霉、青霉、串珠霉等，大多数（如污染于奶油、干酪表面的霉菌）属于有害菌，可引起干酪、乳酪、奶油等乳制品变质，有些霉菌可产生毒素。与乳品有关的主要有白地霉、毛霉及根霉属等如生产卡门培尔（Camembert）干酪、罗奎福特（Roguefert）干酪和青纹干酪时依靠霉菌。

（2）乳与乳制品中常见的酵母有酵母属的脆壁酵母（*Sachar frahilis*）、毕赤氏酵母属（*Pichia*）的膜醭毕赤氏酵母（*P. membrane faeiens*）、德巴利氏酵母属的汉逊酵母（*Debaryomyces hansenii*）和圆酵母属及假丝酵母属等。酵母可引起乳发酵，滋味发酸、发臭，干酪和炼乳罐头发生膨胀。

第三节　影响质量安全的生产环节及预防手段

乳与乳制品的污染环节、污染来源众多，存在诸多不安全因素，预防手段不尽相同。现将制约乳与乳制品质量安全的因素及预防手段总结如下（表 3–1）。

表 3–1　乳与乳制品的污染来源及预防控制措施

污染环节	污染来源	不安全因素	预防手段
原料乳生产环节	奶牛饲养	饲料中有害物质及农药的残留，其他辅料的理化、微生物指标达不到相应的标准。各种疫病的暴发和蔓延，抗生素等药物的使用等	确保饲料无污染，饲料中添加物的种类和使用量要符合国家有关规定，做好奶牛防疫工作，定期进行健康检查
	牛体及乳房清洁	奶牛的皮肤、腹部、尾部容易被土壤、牛粪、垫草等所污染，乳房外部粘污着含有大量微生物的粪屑和饲料等	挤奶前 1 h 须进行牛体的清洗，每头牛配 1 桶清洗水和 1 条无菌毛巾进行清洗
	挤奶过程	挤奶设备、管道与过滤网清洗不彻底或清洗水残留，极易造成微生物污染；最先挤出的少数乳液中的菌数高，挤奶员的手、衣着对奶会造成污染，自动挤奶生产线，挤奶杯在挤多头牛后，微生物的数量急剧升高或挤奶杯掉落在地进而污染牛乳	凡与原料乳接触的工具、容器及机械设备在生产结束后要彻底清洗，使用前要严格消毒；过滤网应在使用后拆下过滤网及滤芯单独清洗和消毒；将头 3 次菌数较高的乳弃去，挤奶员的双手定时定点消毒，做好挤奶杯的清洁工作，防止落杯现象
	冷却和储藏运输	乳的菌落基数较大，储乳的温度较高、未及时冷却使原料乳很快变质；储奶罐及运输车罐内壁清洗不彻底，未及时进行奶的运输，均有可能造成较严重的微生物污染	将乳在 2 h 内降至 4℃以下，彻底清洗储奶罐及运输车罐，挤奶后 12 h 内运至加工厂
	工作人员	饲养员、挤奶员患有结核、痢疾、伤风感冒等病，或不注意个人卫生，手、衣服不清洁会在很大程度上带入微生物而污染牛乳	饲养员、挤奶员应定期体检，确保健康上岗，加强员工质量意识教育，增强安全观念，建立质量安全考核制度

（续表）

污染环节	污染来源	不安全因素	预防手段
乳制品加工环节（乳制品加工中具有普遍性工艺过程）	配料	外来添加物带来生物性、物理性、化学性危害	严把配料质量关，对配料进行抽检和送检
	杀菌	杀菌达不到温度和时间，是牛乳中残留有耐热菌和芽孢，影响后续产品质量	配备实时监控系统，严格控制杀菌温度与时间
	包装	包材灭菌、设备灭菌、灌装时环境卫生控制，封合不严，导致微生物污染	包材与设备彻底灭菌，严格执行操作规程，包装严密，防止破包
	现场清洗（CIP）	CIP 清洗程序设计不合理，造成杀菌达不到要求，洗涤剂选择和使用不当污染产品	不同设备系统清洗有不同的清洗程序，选择卫生部门核准的洗涤剂，清洗彻底
储藏、运输、销售及消费环节	储藏	仓库中气流的流通不畅，局部温度过热导致产品微生物繁殖	保持储藏仓库温度恒定，与气流的畅通
	运输	撞击造成包装破损，温度控制不当，环境卫生不合格等原因造成产品污染	小心运送并保持运送工具的清洁卫生，控制运输车罐温度
	销售	销售过程中，冷链不健全造成产品中微生物迅速生长	采用带有制冷设备的车辆运输，做好终端销售温度环境控制
	消费	消费者安全意识弱，产品买回家没有继续冷链储存，产品超过保质期继续食用等问题	提高消费者的安全意识，注意消费前的储存条件、产品的包装是否完好，关注产品保质期

目前，我国乳与乳制品质量安全领域中普遍存在的问题是国家标准滞后、优质奶源不足以及复原乳挤占鲜乳市场等三大问题。其中尤为突出的是乳制品中抗生素残留和微生物污染问题。因此，乳与乳制品中主要质量安全控制关键因素是抗生素残留问题和微生物污染问题，梅雨季节尤其是真菌毒素残留如黄曲霉毒素 M_1 残留现象较为严重。

乳与乳制品质量安全是一项系统工程，它关系到政府、奶农、企业、消费者等各个层面。国家应制定有关食品安全的法规并进一步完善《食品卫生法》《动物防疫法》《生乳标准》等法规及和国际接轨的食品安全标准。最大限度地降低乳及乳制品中各种污染所造成的危害，关键是防止原料乳污染和加工过程中的交叉污染，全程控制乳品质量。

第四章

生乳质量安全生产规程

第一节　奶牛养殖区的卫生管理规范

一、良好农业规程在我国乳品质量安全体系建设中的应用

（一）GAP 的定义

应用于畜牧生产的 GAP 分成多个模块，按照（牛羊、猪、奶牛、禽）进行划分，每一模块都列出了可接受的控制点和符合性规范。其中包括了畜牧生产中涉及的动物健康福利、畜产品质量安全、饲料、兽药、员工等。并将 HACCP 的原理应用到畜牧生产的各个环节，通过这一系列制度和措施的建立期望将欧盟良好农业规程（EUREPGAP）能有效且一致地被各成员国所普遍采用。GAP 的建立是由欧洲零售商最先发起，EUREPGAP 的会员包括零售商、农产品供应商和生产者，它为农产品的生产者提供了一个具有划时代意义的平台，使得他们可以按照欧洲零售商的农业标准进行生产，并有机会参与跟欧洲市场、非政府组织和国家政府之间的交流。最终的目的就是确保农产品和食品的质量安全，保护生态环境以及人与动物的安全。

（二）奶牛业 GAP 所包含的控制点及其重要程度的划分

与家畜生产有关的良好规范将包括：牲畜饲养单位选址适当，以避免对地貌、环境和家畜福利的不利影响；避免对牧草、饲料、水和大气的生物、化学和物理污染；经常监测牲畜的状况并相应调整放养率、喂养和供水；为避免伤害和损失而设计、建造、挑选、使用和保养设备、结构以及处理设施；防止兽药和饲料中添加的其他化学物及其残留物进入食物链；尽量减少抗生素的非治疗使用；实现畜牧业和农业相结合，通过养分的有效循环避免废物清除、养分流失和温室气体释放等问题；坚持安全条例和遵守为家畜生产的装置、设备和机械确定的安全操作标准；保持牲畜购买、育种、损失以及销售记录，以及饲养计划、饲料采购和销售等记录。畜牧生产过程中中国良好农业规程（CHINAGAP）CHINAGAP 所覆盖主要步骤见图 4–1。

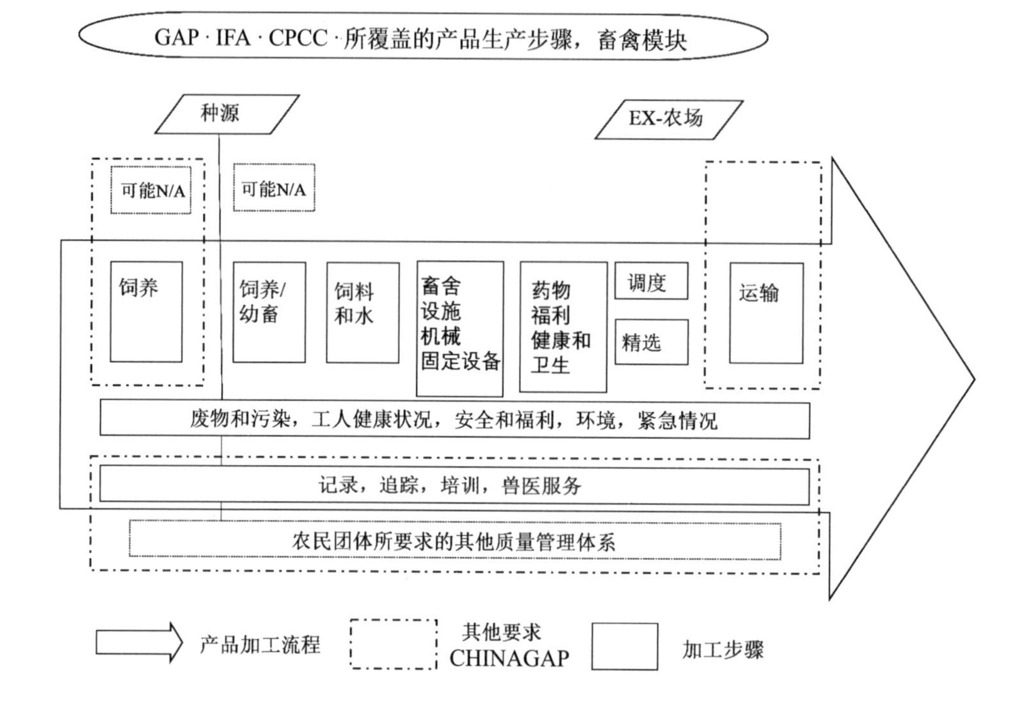

图 4–1　畜牧生产过程中 CHINAGAP 所覆盖主要步骤

对畜牧业生产过程各个环节进行危害分析的基础上制定重要程度不同的控制点，控制点的重要程度可进行如下划分，①主要关键点：必须 100% 符合所有适用的控制点；②次要关键点：95% 符合所有适用的控制点；③推荐关键点：百分比很难确定，可根据生产实际情况进行确定。

（三）乳业生产中应遵循的 GAP

1. 家畜健康及福利

与家畜健康和福利有关的良好规范将包括：通过良好的牧场管理、安全饲养、适当的放养率和良好的畜舍条件，尽量减少感染和疾病风险；保持牲畜、畜舍和饲养设施清洁、并为饲养牲畜的畜棚提供足够清洁的草垫；确保工作人员在处理和对待牲畜方面受过适当的培训；争取得到适当的兽医咨询以避免疾病和健康问题；通过适当的清洗和消毒确保畜舍的良好卫生标准；与兽医协商及时处理病畜和受伤的牲畜；按照规定和说明包括停药期仅购买、储存和使用得到批准的兽医物品；所有时候提供足够和适当的饲料和清洁水；避免非治疗性切割肢体、手术或侵入性程序，如剪去尾巴或切去嘴尖等；尽量减少活畜运输（步行、铁路或公路运输）；处理牲畜时应适当谨慎，避免使用电棍等工具；如有可能保持牲畜的适当社会群体；除非牲畜受伤或生病，否则不要隔离牲畜（如关入牛栏和猪棚）；以及符合最小空间允许量和最大放养密度要求等。

2. 与饲料和饮水有关的控制点与符合性规范

饲料和水才能保证其健康和生产率。为牲畜提供充足、安全、清洁的饮水点。制订合理的营养方案，使其在满足营养需要的同时有利于动物生产水平的充分发挥，制定监测牲畜生产状况、放养率、喂养和供水的规范；放养率必须随时调整，除放牧的草场或牧场之外根据需要提供补充饲料。制定安全生产管理规范，为家畜生产设施、设备和机械确定安全的操作标准。制定避免对牧草、饲料、水和大气的生物的、化学的和物理污染的措施；制定兽药和饲料中添加的其他化学物的残留物进入食物链的措施。将牲畜纳入作物轮作，利用放牧或家养牲畜提供的养分循环使整个农场的生产率受益；轮换牧场牲畜以便牧草健康再生，以及坚持安全条例和遵守为作物和饲料生产确定的设备和机械使用安全标准。

3. 环境污染的最佳管理规范

牲畜饲养过程中要充分考虑对环境的影响，为牲畜饲养单位选址制定参考标准，以避免对地貌、环境和家畜福利的不利影响；要实现畜牧业和农业相结合，有效循环避免畜禽生产养殖废弃物排放、养分流失和温室气体释放等问题的规范。畜饲料应避免化学和生物污染物，以保持家畜健康和 / 或防止其进入食物链。肥料管理应尽量减少养分流失，并促进对环境的积极作用。应评价土地需要以确保为饲料生产和废物处理提供足够的土地（图 4–2）。

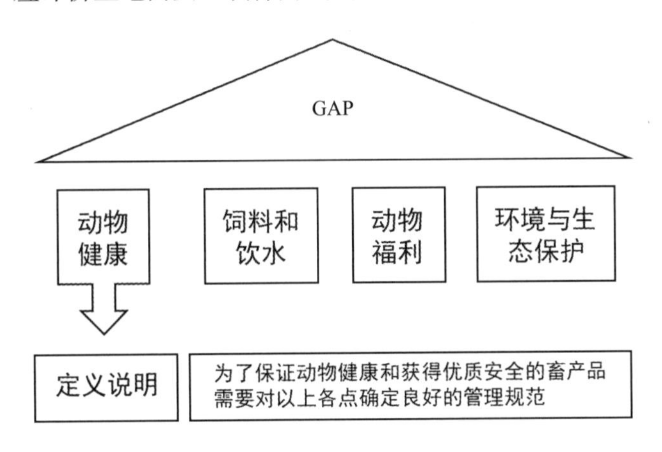

图 4–2　畜牧业 GAP 所涵盖的内容

4. 人的福利、健康和安全

作为养殖企业任何时候都应当十分认真谨慎地对待农场的员工，按照我国劳动法的要求保证员工的健康和福利，与人的福利、健康和安全有关的良好规范将包括：指导所有农作方法以实现经济、环境与社会目标之间的最佳平衡；坚持安全工作程序及可接受的工作时间和考虑到休息时间；教育工人安全有效地使用工具和机械；对受伤和患病的员工要采取及时的治疗措施以及调整工作岗位，以确保食品和员工的安全。

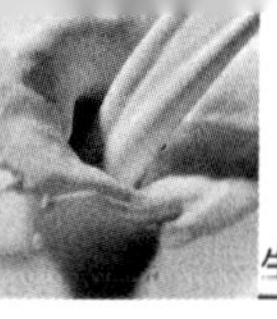

（四）我国奶牛养殖区 GAP 认证发展

自 2003 年起，国家认监委组织质检、农业、认证认可及相关科研院所有关专家，开展了对国际良好农业规范技术标准的研究和我国相关技术规范的制定工作。目前，国家认监委已参照 EUREPGAP《良好农业规范综合农业保证控制点与符合性规范》和《良好农业规范综合农业保证通则》（2005 年 2.0 版），完成中国良好农业规范综合农场保证认证实施规则和 CHINAGAP，综合农场保证控制点与符合性系列规范（11 项）国家标准的制定和起草。CHINAGAP 是基于 EUREPGAP 基础上的、将受欧盟认可的一级 CHINAGAP、且适宜我国国情的中国良好农业规范。具备开展 GAP 认证的相关认证机构（陆桥公司、华思联、中奶协认证中心）分别进行了外部审查人员和企业内审人员的培训和资质认定工作，正积极准备开展中国良好农业规范应用与认证示范工作。

这些优秀企业率先应用国际先进标准，为在企业内全面提高奶牛养殖管理水平，保证原料奶质量安全，改善生态环境，履行社会责任，做出了不懈努力和突出贡献。

二、HACCP 在我国乳品质量安全体系建设中的应用

HACCP 是国际权威机构认可为控制由食品引起的疾病、确保食品安全最有效的方法。我国对农产品的质量安全体系建设一直高度重视，但还缺乏从牛乳生产源头进行质量控制的全程质量控制体系，综合国内外 HACCP 体系的研究与应用现状，在我国进行奶牛养殖区 HACCP 体系的研究与应用是未来奶牛养殖区质量控制的发展方向。

（一）HACCP 的基本原理

HACCP 是建立在良好生产规范（GMP）和卫生标准操作规程（SSOP）基础之上，目前国际上最具权威性的食品安全质量保证体系。该体系通过分析和确认原材料、生产、销售等各个环节中可能发生的食品安全危害，设立关键控制点，从而将危害消除和控制在相应的过程中。该体系改变了以往仅靠最终产品检验来判断产品质量的方法，确保了食品在原材料、生产、销售等过程中的每一环节，免受生物性、化学性及物理性的危害。结合具体情况，在奶牛养殖区的质量管理体系控制中对 HACCP 的 7 个基本原理可做如下解释。

1. 危害分析

危害分析（Hazard Analysis，HA）与预防控制措施是 HACCP 原理的基础，也是建立 HACCP 计划的第一步。奶牛养殖区应根据所掌握的牛乳生产中存在的危害以及控制方法，结合生产工艺流程的特点，进行详细的分析。

2. 确定关键控制点

关键控制点（Critical Control Points，CCP）是能进行有效控制危害的加工点、步骤或程序，通过有效地控制防止发生、消除危害，使之降低到可接受水平，CCP 或 HACCP 是

由产品 / 加工过程的特异性决定的。如果出现奶牛养殖区的场址、生产过程、仪器设备、原料供方、卫生控制和其他支持性计划、以及用户的改变，CCP 都可能改变。

3. 确定与各 CCP 相关的关键限值

关键限值（Critical Levels，CL）是非常重要的，而且应该合理、适宜、可操作性强、符合实际应用。如果关键限值过严，即使没有发生影响到牛乳的安全危害，而要求去采取纠偏措施；如果过松，又会造成不安全的隐患，使不安全的原料奶进入乳品加工厂。

4. 确立 CCP 的监控程序

应用监控结果来调整及保持生产处于受控的状态，奶牛养殖区应制定并执行监控程序，以确定牛乳的质量或生产过程是否符合关键限值。

5. 采取纠正措施

纠正措施（Corrective Actions）是指当监控表明，偏离关键限值或不符合关键限值时采取的程序或行动。

6. 验证程序

验证程序（Verification Procedures）用来确定 HACCP 体系是否按照 HACCP 计划运转，或者计划是否需要修改，以及再被确认生效使用的方法、程序、检测及审核手段。

7. 记录保持程序

记录保持程序（Record-keeping Procedures）是指奶牛养殖区在实行 HACCP 体系的全过程中，须有大量的技术文件和日常的监测记录，这些记录应是全面的，记录应包括：体系文件，HACCP 体系的记录，HACCP 小组的活动记录，HACCP 前提条件的执行、监控、检查和纠正记录。

HACCP 的 7 项基本原理与执行 HACCP 计划的准备阶段需要完成五个基本步骤，共同构成了 HACCP 应用的逻辑程序（图 4–3）。

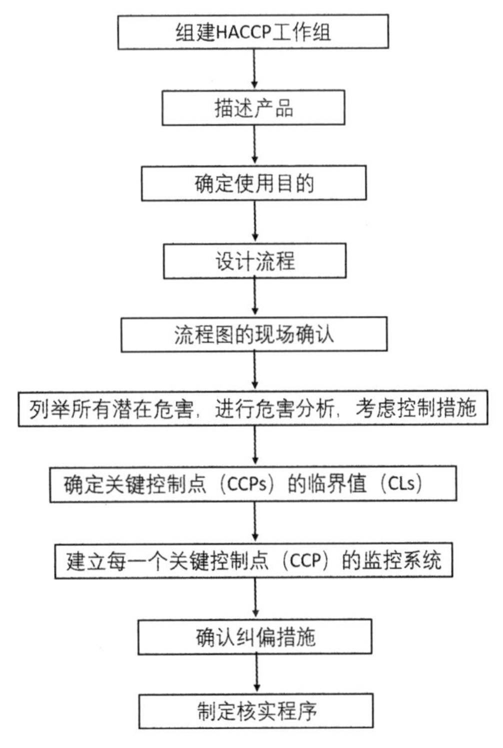

图 4–3　HACCP 体系进行应用时的逻辑程序

（二）奶牛养殖区 HACCP 体系建立

1. 奶牛养殖区 HACCP 系统的制定程序

为了建立奶牛养殖区的 HACCP 体系，首先根据牛乳生产的工艺流程及其生产过程中涉及的关键点（图 4–4），确定奶牛养殖区的主要生产程序。其工艺流程的关键技术环节具体包括奶牛品种引进、育种和繁殖、饲料生产、饲养与管理、挤奶、奶牛疫病防治、奶牛养殖区环境控制与粪便处理等。在了解生乳生产工艺流程的基础上，才能形成牛乳生产过程中的 HA 分析及 CCP 框架。在对生乳生产的 HA 逐步分析并理出 CCP 框架的基础上制定相应的控制对策。

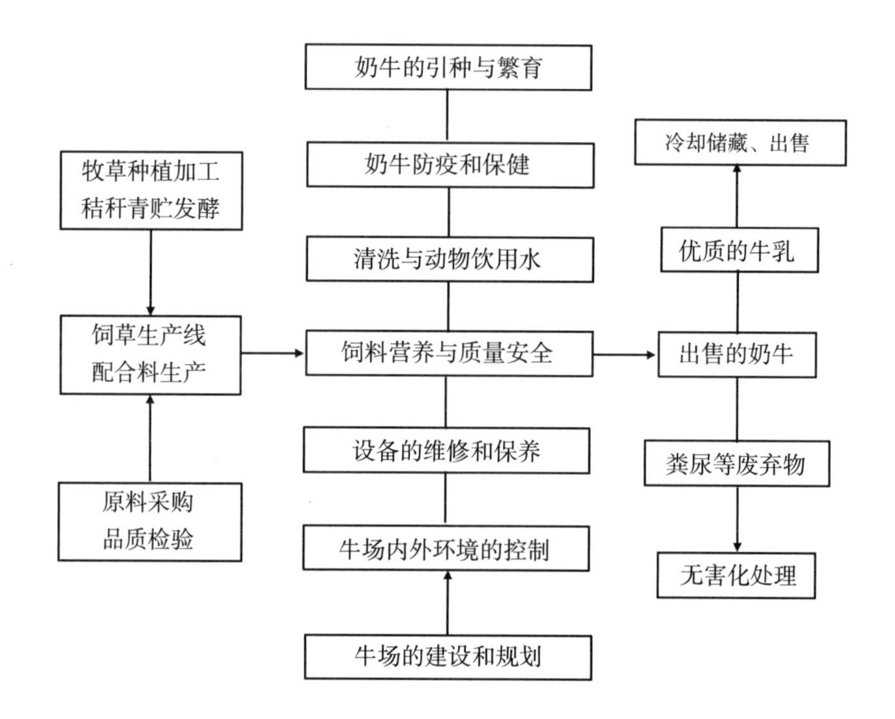

图 4-4　生乳生产过程中所设计的主要过程

2. 奶牛养殖区的 HACCP 体系控制方案的建立

就生乳生产而言，以生乳验收为界，分为生乳生产和乳制品加工两大环节。由于乳制品加工一般可工艺化生产，流水线作业，便于推行 HACCP 管理系统，欧美各国已经应用多年，我国乳业也纷纷实施。而生乳生产在农场进行，危害因素更为复杂，涉及生物的（奶牛品种及性能、精粗饲料、病原微生物）、物理的（机械、设备、建筑等）、化学的（环境消毒、药品治疗）、自然的（气候、光照）以及人为的等诸多因素，控制难度更大。众所周知，原料奶质量对整个乳业生产更为重要，虽然危害因素颇多，但随着奶牛养殖向规模化、设施化方向发展，可将 HACCP 管理系统延伸到牛乳生产的产前和产中各环节，制定各种防范措施。根据奶牛养殖区的生产流程和工艺特点，可根据牛乳生产关键环节和牛场每天发生的事件进行 HA 分析，并由此确定 CCP，提出原则性控制方法或建议。在生产实践中还要针对每一个危害可能发生的原因及危害程度进行全面分析。在了解生乳生产工艺流程的基础上，可对生乳生产的 HA 逐步分析并理出 CCP 框架和控制对策（表 4-1）。

表 4-1　生乳生产的 HACCP 体系控制方案

生产流程	潜在危害	控制措施	是否关键控制点
场址选择	1. 场址是否接近疫区或村庄	远离疫区或村庄选址	是
↓	2. 空气中有害气体含量超标	建场前监测空气质量	是
	3. 远离水源	靠近水源选址	否
	4. 水的各种微生物指标超标	进行水质卫生标准监控	是
	5. 交通运输不便	选址时进行控制或修建道路	否
	6. 地势不好，排水困难	选址控制或改造	是
厂房建设	7. 牛舍、挤奶厅内空气质量恶劣	按畜舍环境质量标准控制	是
↓	8. 舍内温度、湿度、气流不宜	按畜舍环境质量标准控制	是
	9. 周围环境噪声太大	按畜舍环境质量标准控制	是
	10. 场区布局不合理，交叉污染	按专业标准设计合理规划	是
奶牛引种	11. 引进的奶牛	不从疫区引种、没有传染性疾病	是
↓	12. 引种群含有疾病潜伏期奶牛	引种时检查并按规定隔离	是
饲料生产	13. 饲料霉变或含有毒物质	每批饲料进行检查与测定	是
↓	14. 原料含杂质或铁屑	购买或装卸饲料时注意清理	是
饲料配方	15. 饲料成分单一或营养量不足	进行营养咨询或配合日粮标准控制	是
↓	16. 精粗饲料比例不合理	配合日粮标准控制	否
饲料添加剂	17. 使用违禁饲料添加剂	饲料添加剂使用准则控制	是
饲料的储存	18. 储存过程中饲料变质	饲料储存检查制度控制	是
饲料饲喂	19. 饲喂饲料中含有异物	饲喂前仔细检查清除	是
↓	20. 饲喂饲料过量或不足	按照饲养标准进行规划	否
	21. 饲喂变质不合格饲料	放弃或作无害化处理	是
	23. 对各阶段牛管理方法单一	制订阶段性管理方案	否
饮水	24. 奶牛育种卡片不全或混乱	良种牛卡片登记制度控制	否
日常饲养管理	25. 牛群混交滥配	选种选配制度控制	是
牛群改良	26. 奶牛体型不良，共性太差	体型外貌等级评定制度控制	否
↓	27. 生产指标不清，数据混乱	DHI 测定登记制度控制	否
	28. 冻精或精液质量低劣	从正规精液生产站点购买	是
牛群繁殖	29. 母牛卵子质量低下	对营养、疾病、发情等检查	是
↓	30. 输精技术不良	输精技术员定期培训或更换	是
	31. 流产率居高不下	加强孕牛营养、环境监控	是
	32. 犊牛成活率低下	加强预产、接产及犊牛护理	是
	33. 牛群卫生条件低下	牛场建立清洁消毒制度	是

（续表）

生产流程	潜在危害	控制措施	是否关键控制点
防疫保健	34. 牛误食有毒有害物质	药物投放或化学物质远离奶牛	是
↓	35. 牛群患病率过高	定期检疫，早期诊断、治疗	是
	36. 饲养人员患有疾病	严格规定员工健康要求	是
	37. 废弃物污染	无害化处理	是
粪污废弃物	38. 挤奶过程不规范	挤奶操作规范控制	是
挤奶操作	39. 挤奶机参数设置不合理	随时检查，合理设置参数	是
↓	40. 挤奶器具不合格或老化	修理或更换	是
	41. 清洗剂的残留	CIP 清洗操作规程控制	是
	42. 乳中有抗生素等残留	兽药使用准则与休药期控制	是
	43. 菌落总数超标	挤奶卫生及储存温度控制	是
牛乳保存	44. 牛乳保存过程腐败变质	储存温度控制	是
↓	45. 储奶厅的卫生不合格	保持储奶厅清洁有序	是
牛乳运输	46. 牛乳运输过程腐败变质	冷链运输，及时运输	是

3. 影响生乳质量安全的危害分析

HACCP 系统可对生乳生产流程中的每一个环节进行危害评估及关键控制点的分析检验，只有在识别出存在的危害的基础上，才可以采取进一步的措施。牛乳质量安全面对的危害主要包括化学的，生物的，自然界的物理因素，例如：化学因素—兽药，残留的杀虫剂，残留的清洁剂，污染的饲料和饮水中的化学物质（表 4–2）；物理因素—沉淀物，灰尘，苍蝇，头发，玻璃（表 4–3）；生物因素—有害菌，寄生虫和其他引起疾病的生物体（表 4–4）。下面就分别对这三大类危害及其来源分别做以概括。

表 4–2　生乳生产中化学性危害的分析

危害	来源
乳中的兽药残留	任何用于治疗的兽药 产奶区兽药保存不当 饲料和 / 或饲料添加剂的供应
灭鼠剂	溅出或泄漏
除草剂	通过虹吸现象溅入水井或供水管线
杀虫剂	处理场的渗出液渗进水源

（续表）

危害	来源
水中的挥发性有机物质	储存燃料的泄漏 车间或机器流出 牧场或饲料作物应用的杀虫剂 内 / 外寄生虫治疗和控制 杀虫剂的储存不当 种子的处理 挤奶间内杀虫剂的应用不当
挥发性有机物的组成	存储燃料的泄漏 车间或机器挥发的物质 工业垃圾
洗涤用品的使用	洗涤剂的过量使用 使用禁用的洗涤剂清洗牛乳接触的设备
肥料	散落的肥料 污染物 混合错误
润滑油	压缩机、真空泵等
挤奶设备的清洗	洗涤剂的过量使用 使用禁用的洗涤剂清洗乳品加工设备 在开始挤奶前，乳房和乳头的清洗及用药涂抹乳房后移开不当
挥发的气味：饲料、苦味氧化的物质、医用药品或消毒剂、油脂腐败、牛圈散发的说不清的气味、牛身体散发的气味	饲料品质差 挤奶设备洗涤剂残留 牛乳的过分搅动 环境清扫不彻底

表 4–3 生乳生产中物理性危害分析

危害	来源
碎屑，土壤，灰尘，排泄物，稻草	牛乳的输送软管弄脏奶箱 弄脏的乳房和乳头 牛乳的输送软管弄脏奶箱 集奶杯脱落
玻璃	照明设备
模具和油漆脱落	挤奶间墙壁和其他物体的表面
昆虫，害虫	挤奶间
奶中的水（影响冰点）	集奶罐、输送管道、奶箱中的水 排水管道排水不充分、补充的冲洗管道、冷却盘等 奶和水融合
奶中的沉淀物	挤奶杯老化的橡胶、齿、屑和其他配件 水中的杂质

表 4-4　生乳生产生物性危害分析

危害	来源
乳中的细菌	乳头和乳房上的细菌来自周围的环境中：放牧场、水源、交通运输区、运动场、畜舍和畜床、排泄物、下水道、淤泥、灰尘等
	环境细菌来自污染的饲料
	环境传播的疾病
	借助设备故障
	传播的细菌
	额外不规则的真空波动
	高的真空水平
	设备的设计不合理
	牛乳流动的限制
	脏的挤奶设备
	脏的衬垫
	挤奶杯松弛
	挤奶设备和盛奶的容器卫生状况不佳
	确定挤奶设备或盛奶容器内的蛋白、脂肪、微量元素和其他物质
	感染的动物
	在挤奶间内
	昆虫和害虫
	排水
	水池的标准
	地面、墙壁、天花板脏
	对进入的人不加限制
相关的疾病	员工卫生不佳、脏手、脏衣服

（三）我国奶牛养殖区 HACCP 应用情况

自从 20 世纪 60 年代 HACCP 的概念开始建立起，随着其在水产、肉禽、低酸罐头等行业的成功应用，人们逐渐认识到 HACCP 安全保障体系的重要意义。目前，许多乳制品生产消费大国都将 HACCP 引入到乳制品行业中，其也成为乳制品贸易中不可或缺的环节。

随着我国规模化奶牛养殖区数量的逐年增加，部分规范化奶牛养殖区具备了开展 HACCP 体系的条件，我国奶牛饲养由规模型向效益型模式转变，ChinaGAP 的建立及推广等条件为 HACCP 体系的实施奠定了基础。我国卫生部制定了《食品企业 HACCP 实施指南》，并于 2002 年 7 月 19 日颁发了“关于印发《食品企业 HACCP 实施指南》的通知”，要求各地卫生行政部门结合当地实际，积极鼓励并指导食品企业实施《指南》。卫生部继《食品企业 HACCP 实施指南》之后，又下达了包括《液态乳制品 HACCP 实施指南》在内的 3 类产品的征询草案。为了提高企业的市场竞争能力，提升企业在国际贸易中的形象，国内伊利、光明、三元等大型乳品企业已经开始利用包括 HACCP 在内的国际先进食品安全控制体系提高企业的产品质量。据 2004 年 7 月至 8 月中国奶业协会组织的联合调查统计显示，我国乳制品企业已经通过 HACCP 认证的约占 8.5%，绝大多数龙头乳品企业和一些地方品牌企业都通过了 HACCP 认证，但相当一部分中小乳制品企业还未进行 HACCP 培训工作，HACCP 认证在我国原料奶生产领域尚处于起步阶段，因此今后还要加大 HACCP 认证的推行力度。

通过对国内大城市型乳业产区的北京、上海以及奶牛优势产区的内蒙古、黑龙江的部分规模化奶牛养殖区的调研发现，我国目前有相当一部分奶牛养殖区达到了规范化、标准化的饲养管理要求，具备了应用 HACCP 体系的条件。这些地区的规模化奶牛养殖区在硬件设施如牛场的规划建设、设备的选用上都达到了国际乳业发达国家的水平。这些奶牛养殖区全部实现了机械化挤奶、全混合日粮饲喂，奶牛养殖区的废弃物处理也都基本实现了减量化、无害化、资源化的处理。对这些奶牛养殖区调研情况的总结（表 4–5），在我国，随着乳牛养殖方式的转变和整体技术水平的提升，具备开展 HACCP 体系认证的奶牛养殖区数量会逐年增加。

表 4–5　部分省市奶牛养殖的规范化情况调查

省份和地区	牛场名称	规模化程度（头）	规范化管理程度	原料奶卫生质量
北京大兴	三元金银岛牧场	1 600	实行标准化、规范化管理，饲喂与挤奶实现电脑控制	菌落总数≤ 5 万 CFU/mL；体细胞数≤ 20 万个 /mL；奶中无抗生素残留
北京大兴	沧达福奶牛场	960	各项管理制度健全，能够按照国家奶牛饲养规范进行操作	菌落总数≤ 15 万 CFU/mL；体细胞数≤ 40 万个 /mL；奶中无抗生素残留
北京大兴	怡海奶业	1 300	实行标准化、规范化管理，全部实行机械化挤奶。粪便处理实行无害化	菌落总数≤ 10 万 CFU/mL；体细胞数≤ 30 万个 /mL；奶中无抗生素残留
上海	光明申星奶牛场	1 200	采取规范化饲养管理技术，采取国家颁布的“无公害”奶牛饲养管理规范”标准进行生产	菌落总数≤ 5 万 CFU/mL；体细胞数≤ 20 万个 /mL；奶中无抗生素残留
黑龙江	完达山香坊奶牛场	1 500	实现饲料加工机械化，标准舍饲规范化，榨奶机械化，达到了奶牛的科学化、规范化、专业化饲养要求	菌落总数≤ 10 万 CFU/mL；体细胞数≤ 40 万个 /mL；奶中无抗生素残留
内蒙古	内蒙古乳泉乳业	1 800	TMR 全混日粮饲喂、智能化机械挤奶、机械粪污处理、计算机信息化牛群管理	菌落总数≤ 15 万 CFU/mL；体细胞数≤ 40 万个 /mL；奶中无抗生素残留

三、其他质量管理体系

在实际生产中为了更有效地保证质量，利用国际通用的质量体系管理模式是十分必要的。例如，要求企业通过 ISO 9000 国际质量体系认证。据了解，目前全国有近万家食品企业通过了 ISO 9000 质量体系认证或产品质量认证，我国一些国内知名的大型乳品加工企业基本都通过了 ISO 9000 质量体系认证，而中小乳制品企业则大多没有这样的实力或意识。

ISO 9000 与 HACCP 都是一种预防性的质量保证体系。ISO 9001：2000 适用于各种产业，而 HACCP 只应用于食品行业，强调保证食品的安全、卫生。ISO 9000 是一种通用的质量管理标准，相当于一个基本平台，通过 ISO 9000 质量体系的建立来推行其他 HACCP、GAP 体系的建立。

HACCP、GAP 及 ISO 9000 可在牛乳质量控制中进行整合应用。GAP 是奶牛养殖区必须达到的生产条件和行为规范。奶牛养殖区只有在达到 GAP 规定的基础之上才可使 HACCP 体系有效运行。HACCP 是针对产品对消费者的预防体系，其指导思想是抓住牛乳质量安全控制的关键环节进行检测和控制。这就大大提高了监督检查的针对性和实效性。具有要求高、专业性强的特点。良好的 HACCP 系统可以使奶牛养殖管理者具备敏锐的判断力和危害评估能力。最终的整合可以通过 ISO 9000 的建立、GAP 的保证、HACCP 的监控、纠正使各要素达到控制，从而保证牛乳的安全和质量（图 4–5）。

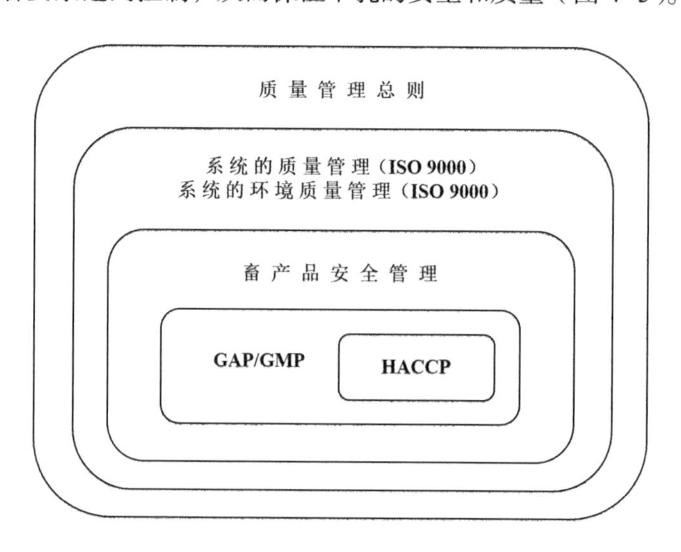

图 4–5　各质量管理体系之间的关系

综上所述，通过对我国原料奶及乳制品质量安全保障体系的研究，可以发现，从总体来看，我国目前已基本构建起了包括管理机构体系、法律法规体系、技术支撑体系在内的原料奶及乳制品的质量安全保障体系的框架。

第二节　生乳中投入品的质量安全管理与防控技术

投入品是生乳质量安全的重要源头，投入品质量的好坏直接关系到生乳的质量安全，是实行从田头到餐桌全程管理的第一关，保障生乳质量安全，首先要保障投入品质量安全。

一、饲料

饲料是奶牛养殖成本中的重中之重，是重要的投入品之一，饲料质量直接影响生乳的产量和品质，涉及饲料的购入、储存、加工、检测等方面。

1. 饲料购入

奶牛养殖区在关心采购价格的同时，更应关心饲料的采购标准、进场验收接收标准、青贮饲料制作和 TMR 料制作过程控制、饲料的储存和防护，主动与销售人员进行沟通，要求其提供相关产品的质量安全标准并签订承诺书，以便最大限度地保证饲料质量安全和最大程度地减少浪费，提高饲料利用率。

进场的所有饲料原料必须符合饲料的采购标准，每批饲料进场前要检查随车检测报告，并对饲料进行感官检查，饲料入库后记录于饲料信息表。

严禁霉烂变质和被农药或黄曲霉菌污染等不符合卫生标准的饲料进场。采购玉米时要考虑所购玉米的水分、预计使用的时间和有效储存条件，对水分高的玉米要重视通风，以免导致玉米发热、霉变，在使用饲料过程中，发现霉变的饲料必须废弃不得使用，避免导致生乳黄曲霉毒素超标。

2. 饲料储存

饲料储存要有专门仓库，仓库要求干燥、通风，有防鼠、防雨、防晒、防潮、防尘措施，饲料应该堆放在垫仓板上，堆码间有足以通风的空间，地面散料要及时清理使用，降低饲料变质，避免损耗和浪费。

每批饲料入库前应捆绑脱水，入库后应分批堆放整齐，标识鲜明。可适量喷洒乳酸菌溶液，防止霉变和提高适口性。饲料进场入库要正确记录数量和日期、感官检查等质量指标，做到早进早用，每周复检一次，防止饲料的长期积压而降低品质。

3. 饲料加工与使用

青贮饲料是奶牛的主要粗饲料。制作优质青贮的关键是调整控制原料的水分和糖分，及时压实、密封，严防漏水、漏气，确保其质量。开窖使用后应预防二次发酵，开窖的表面积要适当、不应过大，做到用多少取多少，确保每天饲喂新鲜、无霉变的青贮饲料，避免一次取得很多，牛只吃不了，造成二次发酵，影响适口性和生乳的质量安全。

全混合日粮（TMR）饲养是饲喂奶牛的一种方法，它综合了所有饲草、谷物、蛋白

质、矿物质、维生素和饲料添加剂，将特定的营养浓度配制到一个单一的混合饲料中，让奶牛自由采食这种混合日粮。TMR 料的制作要注意一次加工的数量和时间的把握，合理掌握饲喂时间、次数和数量，实施良好的食槽管理，分撒均匀，及时推料，确保 TMR 的新鲜度。避免一次过多发料，饲料堆积，牛只吃不了，造成二次发酵，影响适口性、牛只健康和生乳的质量安全。

4. 饲料检测

要注重把好饲料检测关，定期将大宗原材料送到具有资质的检测机构进行监测，妥善保管检验报告备查。

二、饲养用水

水也是重要的投入品之一，水的质量安全控制主要在于奶牛饮用水和清洗挤奶设备管道用水。如果没有符合要求的饮用水和清洗用水，就难以保证奶牛的健康以及挤奶设备管道的安全卫生，进而影响到生乳的质量安全。

奶牛养殖区内应有足够的生产用水，水压和水温均应满足生产要求，水质应符合 NY 5027—2008《无公害食品　畜禽饮用水水质》的规定。若配备储水设施的，应有防污染措施，并定期清洗、消毒。

1. 水源环节的控制

无论采用自来水还是深井水，对水源源头质量要了解，以确保水源清洁卫生，最好是在建场之前，邀请专业机构对选址处的水源质量进行一次详细的检验。牛场在水的使用过程中应定期、不定期地对水质进行检测监控，还应每年取水样送相关部门检测 1~2 次水质；使用自来水的牛场应向自来水公司索要相关的自来水检测合格材料。

为防止污染，慎用地表水和浅井水，且用前须经监测，符合 NY 5027—2008 要求。

2. 水的使用

在水的使用过程中，常规的砖、水泥建的蓄水池易有缝隙，卫生很差，内有明显的杂物和微生物生长，有的甚至有死耗子。水池和饮水管道、设备没有定期清洗和消毒，内部污垢较多，使清洁的水容易被蓄水池污染。因此，最好使用不锈钢水罐，并加强日常的检查监测和定期清洗、消毒，做好有关记录。对于含泥沙比较多的井水，需要定期对沉淀池、水塔进行淤泥清理、清洗、消毒，并应做好相关记录。此外，加强对取水口的管理，防止因管理不到位造成地表水等的进入而污染水源，如受污染的地表水和雨水的进入可能导致水质亚硝酸盐、细菌超标。影响生乳的质量安全。

3. 奶牛饮用水

奶牛饮水应该符合 NY 5027—2008 中规定的水源质量标准，奶牛饮水水质的要求是每升水中大肠杆菌的数量检测结果不得超过 10 个，酸碱度范围在 7.0~8.5，水的硬度为 12°~18°。

奶牛养殖区清洗挤奶设备管道用水应该符合 NY 5027—2008 中规定的水源质量标准。

三、药物残留（农药、兽药等）

药品也是重要的投入品之一，药品的质量安全控制主要是指农药、兽药的管控，管理和使用不当会导致饲草、饲料的农药残留、奶牛体内兽药残留最终影响生乳的质量安全。农药残留主要来源于采购的饲草、饲料以及其中夹带的泥土；兽药残留主要来源于治疗奶牛疾病用药。

1. 重视饲草、饲料的农药检测

奶牛养殖区的饲草、饲料一般均以外购为主，种植过程中对农民使用农药不能进行有效监管且牛场对农药残留认识不到位，重视程度也不够，缺少对农药残留的检测控制技术，农药残留往往被忽视。应引导有条件的牛场自己配套种植青贮饲料，并合理使用农药，最大限度地降低农药使用量，确保饲草、饲料中农药残留得到有效控制。

2. 兽药储存与使用

（1）严格执行兽药管理制定。兽药仓库管理要有章可循，建有账、物、卡统一管理制度，药品的存放及标识、标志合理、规范，使用时容易找到。应在执业兽医师指导下使用，按照“先生产先使用”的原则使用，要高度关注药品的有效期，应严禁和杜绝使用过期药品，尽量避免使用接近保质期的药品。对有储存温度要求的药品，需要提供相应的条件加以保证。特别需要注意存放疫苗的冰箱或冰柜及其温度，冰箱制冷是否正常、温度是否在可控范围、停电时应有有效的应对措施等，以免因储存不当造成疫苗的失效和降效。

（2）兽药使用要高度重视休药期。用药牛只的休药期和治疗后转群、转棚记录要规范、完善。要高度重视药品的休药期，治疗后转群、转棚应有正式交接手续，能追溯的原始记录完善保管，挤奶牛只药物残留应达到相关的规定标准。

第三节　消毒清洗系统控制技术

由于挤奶设备管道清洗、操作不规范，会造成设备管道清洗剂、消毒剂的残留，影响生乳的质量安全。

挤奶工和生乳收购站操作人员在设备设施清洗、消毒后应及时排放残留液，严格按排放时间彻底排放，要特别注意因设备管道异常出现的残留死角。此外，应积极推广使用食品级的清洗剂、消毒剂以确保生乳的质量安全，采用现场清洗程序（CIP）实施清洗，采用弱性酸碱，防止管道腐蚀。同时，要通过清洗、消毒使与生乳直接接触的挤奶设备管道达到化学和细菌清洁度，要除去全部可见和肉眼看不见的污物。

第四节　挤奶环节的管控

挤奶过程的安全卫生是生乳质量安全控制的重点工作。从健康奶牛乳房内挤出的生乳，极易受到站内环境卫生、机械挤奶设备设施的操作是否规范到位以及挤奶后设备、环境等是否冲洗、清洗、消毒到位等因素的影响和污染，使生乳的质量受到影响。应不断完善以下各方面，尽量减少生乳受到的污染。

实施 GMP 时应采用半自动化或自动化挤奶程序，挤奶时间掌控适度，防止过度挤奶；挤奶完毕后立即冷藏。

一、牛体的污染控制

奶牛的皮毛特别是腹部、乳房、尾部是微生物附着的严重部位，挤奶前如不清洁牛体或清洁不到位，挤奶时这些脏物极易进入生乳中。奶牛养殖区需要时刻保持牛床和垫料的干净和干燥，才能使牛身尽可能地清洁。在炎热夏季应避免对奶牛进行喷淋，可采用既能够降低牛舍温度，又能够保持牛床、垫料和环境的干净和干燥，运行成本又相对较低的冷风机来防暑降温。奶牛进入生乳收购站待挤区前要通过清洗、消毒、刷拭等尽可能地去除牛体的污染。

二、挤奶员的手和擦奶牛乳房用的毛巾的污染控制

由于牛乳房的不清洁加之挤奶时间紧，挤奶员的手容易被污染而又未做到及时洗手，同时，擦奶牛乳房的毛巾是本批奶牛挤奶结束，立即清洗、浸泡消毒，下批奶牛挤奶前甩干就使用了，两者都增加了生乳受污染的潜在风险。因此，生乳收购站需要配备相关的烘干设备，确保所用毛巾的干燥卫生，降低微生物感染乳房的机会。有条件的生乳收购站应由专人负责毛巾的清洁检查和烘干工作，做到一头牛一条毛巾，防止交叉感染。

三、挤奶设备的污染控制

挤奶设备的污染主要是挤奶设备的日常维护和保养不到位，造成设备的异常出现清洗死角，加之清洗人员意识不到而未能定期手工拆洗，长期下去出现了设备污染或机械油渗漏污染。生乳收购站在保证挤奶设备正常运转的情况下，应加强对此类特殊设备的维护保养、定期拆洗和清洗效果的检查。

四、特殊阶段生乳的质量控制

要高度重视初乳期和干奶后期以及患有乳腺炎的奶牛所产的生乳质量。

1. 初乳和干奶期的生乳

要严格遵守国家有关标准和规定，专业处理初乳和干奶期的生乳，对初乳以及由于配种繁殖的原因不能如期正常干奶的牛所产生乳，经过检测正常后可混入正常生乳。同时，应加强对此类牛只的监管，经过必要的检测合格后进行合理的转群，并保存相关活动的原始记录备查。

2. 患病奶牛管理

奶牛养殖区应严格管理患乳腺炎的牛只，禁止此类牛只进入生乳收购站上站挤奶，挤出的生乳也不能与正常生乳混合。并由专人负责挤奶和奶的处理，确保生乳收购站出售的生乳质量安全。

第五节　奶牛疫病的防控（结核病、布鲁氏菌病防控）

一、建立奶牛个体档案

建立健全奶牛个体档案，确保 100% 牛只建档，实行奶牛健康证制度，奶牛移动或调运必须凭动物疫病预防控制机构出具的健康证。

二、坚持自繁自养制度，防止疫病引入

如确需扩群，一般在本系统内调剂。引进种畜，一定要在购买地点进行检疫，并取得当地检疫机构的证明后，才能选购。运回后要经隔离饲养观察及必要的检疫，认定无病后，方能并群饲养。

三、奶牛养殖区饲养、技术与管理人员健康

奶牛养殖区应每年对全场工作人员进行健康体检，特别是高度重视对结核病、布鲁氏菌病等人畜共患病的检查，应做到体检合格的上岗，不清楚情况的人员坚决不能上岗，每天进场人员都要全部采取适当的消毒预防措施。

四、加强两病检测工作

坚持每年两次对奶牛进行结核病、布鲁氏菌病集中检测，对检出的两病阳性牛只进行坚决淘汰和无害化处理。

第六节　奶牛养殖区的环境卫生、奶牛保健与营养

一、奶牛养殖区的环境卫生

乳制品的质量安全关键在于生乳的质量安全，而奶牛养殖区又从多方面影响生乳的质量。如，生乳质量安全受到奶牛养殖区的选址和规划、奶牛的健康和卫生水平等方面的影响。从奶牛养殖区的选址和规划来说，奶牛养殖区应建在四周无污染、水源清洁的地方，应符合动物防疫条件并取得《动物防疫条件合格证》。

坚持经常的消毒卫生制度，各牧场均有门卫制度，牧场生活区和生产区分隔，闲杂人员不得随意进入牧场，杜绝一切传染源。牧场及牛舍进出口，设置消毒池或铺垫生石灰，经常保持有效消毒药品，并有专人负责。牧场每 3 月大消毒一次，牛舍每月消毒一次，牛床每周消毒一次，隔离牛舍、产牛舍及病牛舍每天要做消毒。

二、确保奶牛健康

奶牛健康的范围很广，包括饲料（营养）、水、换气、垫料等很多很多方面。其中，奶牛的福祉、提高舒适性是追求的第一要素。要提高牛乳质量，就必须为做的最好而努力。其结果乳腺炎减少、产奶量增加、经济效益也能得到提高。

只有健康的奶牛才能生产出高品质的生乳。奶牛的健康应以预防为主，认真落实防疫、检疫、抗体监测、降低发病率、提高奶牛健康水平、产奶量、生乳的品质。对进出奶牛养殖区的人员、运输车辆（饲草料、生乳、牛粪运输等）、外购奶牛等采取适当有效的消毒措施，进场人员应换专用的工作服且彻底消毒；设有工作人员消毒、洗手的相关设备设施；有对进出车辆进行消毒的喷雾器和消毒池，保证消毒池内消毒液的量和有效浓度。

三、奶牛营养

奶牛营养与奶牛健康、环境保护和生乳品质息息相关。奶牛生产经营者希望通过提高泌乳效率（即所摄取的饲料养分转化成乳蛋白、乳脂肪、乳糖的效率）来提高生乳的产量和质量，从而提高奶牛生产的经济效益。

满足奶牛的营养需要，可以使产奶奶牛体型增大，乳房发育良好，产奶量提高，健康、延长利用年限。奶牛的营养需要，应该重视干物质进食量、能量、蛋白质、矿物质、维生素和水的需要量，还应重视过瘤胃蛋白质和中性纤维等的需要。

为了科学合理地饲养奶牛，既要充分发挥其生产性能，保持健康体况，又要不浪费饲料，就必须对各种营养素的需要规定一个大致的标准，控制最佳供给量。同时还可以根据饲养标准，安排全年的饲料供应计划。

营养需要受多种因素的影响，因此，在实际饲喂时，原则上要按饲养标准配合日粮，必要时可根据实际情况适当调整。

乳蛋白和脂肪含量是决定生乳质量的重要指标。乳蛋白营养价值很高，是牛乳中最重要的营养物质。乳蛋白含有人体需要的几乎所有的必需氨基酸，含量和构成比例基本上与人体所需的数量、比例相接近。乳蛋白的消化会产生一系列的生物活性肽，对人体具有调节生理、预防疾病和抗感染的生理功能。当今世界许多国家，在生乳价格体系中都把乳蛋白的价值放在首位。

第七节　生乳储存、运输的管控

生乳的储存运输是生乳收购站到乳制品加工企业的重要一环，管理得不好就会给生乳收购站和乳制品加工企业造成巨大的经济损失。

一、储存条件

生乳储存阶段要检查生乳制冷降温速度和储存温度，生乳制冷系统是否正常，并保证生乳温度在挤后 2 h 内达到规定的 0~4℃。

二、运输工具

装车前检查运输车辆及运奶罐的卫生情况，不合格的重新清洗待合格后才能将生乳装车；同时应检查运奶罐冷却系统是否运转正常。

三、装车

装车中要杜绝任何人为添加行为，检查生乳出站温度。

四、承运

起运前，运奶罐有铅封要求的应认真封存，松紧要适当，防途中断裂或被人换掉，并规范填写生乳交接单，特别是铅封上有号码的应填写清楚。司机和押运员须持有有效的健康证明，并经培训具有乳品质量安全知识。

生乳运输车辆应装有 GPS 定位系统，运输中乳制品生产企业可随时查看其所在位置。

五、可追溯制度

生乳收购站要严格按抽样留样规定留取样品备查，以利于出现问题追根溯源。

第八节　生乳第三方质量监测体系（按质论价体系）

一、国外乳业发达国家第三方按质论价发展阶段及特点

发达国家针对原料奶或乳业质量安全大都有专门立法，如欧盟《原料奶、热处理奶和奶产品生产和投放市场的卫生条例》、美国《“A”级巴氏杀菌乳条例》、加拿大《牛奶生产与加工条例》等，除了对养殖设施、养殖过程、牛乳收集储运等提出详细的技术要求外，同时还包括原料奶质量安全标准以及日常管理、监督检查的原则性要求。美国各州和加拿大各省依据全国性法律法规，普遍制定了有关原料奶质量安全的地方法规。例如，美国加利福尼亚州食品与农业法第二部分第一章不仅包括各类乳品及其原料奶的质量安全标准，而且对检测方法及设备、检测机构资质认定与授权、第三方检测等进行了详细规定。

发达国家对原料奶的储存温度、菌落总数、体细胞数、兽药和禁用物质、冰点等制定了严格的标准。对脂肪、蛋白质、总固体物质、非脂固体物质等乳成分指标，立法中没有强制性要求，但在生乳按质论价体系中是重要组成部分。在生乳最高残留限量（MRL）方面，除重金属、霉菌毒素、硝酸盐、亚硝酸盐等传统指标外，国际食品法典委员会针对28种兽药和90种农药制定了MRL，欧盟针对农药、兽药制订的20 000余个MRL中，与乳制品有关的超过500项，日本2006年“肯定列表制度”针对牛乳提出了413种农药和兽药的MRL。

在欧美等国家和地区，官方实验室或官方指定的实验室依法对奶牛养殖区生产的原料奶实施定期抽检，重点是卫生及安全指标。美国《“A”级巴氏杀菌乳条例》规定，任何连续的6个月内，用于生产巴氏杀菌乳的原料奶生产者必须接受至少4次抽检，这4次抽检必须分散在不同的月份，抽样工作必须按照监管部门的指示实施。欧盟《生乳、热处理乳和乳制品生产和投放市场的卫生条例》规定原料奶菌落总数必须每月接受至少2次抽检，体细胞数必须每月接受至少1次抽检。发达国家普遍推行按质论价的生乳销售模式，这不仅可以维护乳制品加工企业和奶农之间的交易公平，提高奶农主动改善生乳质量安全水平的积极性，而且使生乳质量安全监测日常化，大幅度拓展了质量安全信息来源，降低了乳制品质量安全事故发生的概率。在按质论价的体系中，第三方质检机构起着关键作用。根据立法规定，第三方质检机构必须与奶农、乳制品加工企业均没有利益关联，由政府进行资质认定和能力考核，经过奶农和乳制品加工企业双方认可后，对销售的每批次原料奶进行检测，费用由奶农和乳制品加工企业分摊。第三方质检机构的日常检测中，除了实验室确证方法外，大量采用官方批准的快速检测方法和快速筛查方法，以提高检测效率和降低检测成本。

二、上海生乳第三方监测体系

（一）上海乳业基本情况

上海奶牛养殖的历史比较长，可追溯到 1840 年中英鸦片战争以前。就大群奶牛规模化养殖也有 60 多年的历史，在长期的饲养过程中积累了丰富的技术和管理经验，具有明显的优势。上海是我国近代乳业的发源地，是中国乳业经济最为发达的地区之一，是农业部确定的全国奶牛发展优势区域之一。

上海奶牛饲养头数和生乳总产量虽占全国的份额很低，但通过 60 多年老中青三代养牛人的努力，上海奶牛养殖实现了百分之百适度规模化、标准化；百分之百实施生产性能测定和良种登记；百分之百机械化挤奶和全程冷链质量控制、按质论价；百分之百实行特定疫病强制免疫和检疫。上海生乳质量高于国家标准，达到和优于欧美标准。上海乳业在规模化养殖、成奶牛平均单产、生乳质量、良种培育、规范管理、新技术研究与推广等方面均处于全国领先水平。

2010—2017 年上海郊区和光明食品集团奶牛单产平均每年增长 297kg，其中光明食品集团、松江区、金山区和嘉定区平均单产较高，每年的增幅也较快（表 4–6）。

表 4–6　2010—2017 年上海郊区和光明食品集团奶牛单产情况　单位：kg

	2010 年	2011 年	2012 年	2013 年	2014 年	2015 年	2016 年	2017 年
闵行	5 959	6 368	7 197	—	—	—	—	—
嘉定	7 059	7 157	9 410	8 493	8 851	9 144.96	9 458.29	10 276.03
宝山	7 734	7 774	7 831	7 808	8 401	8 529.50	8 020.92	3 235.96**
浦东新区	7 323	7 155	7 444	7 563	7 622	8 184.28	8 534.68	1 543.54***
奉贤	6 614	7 137	7 525	7 262	7 245	7 769.91	7 552.27	8 458.89
松江	8 909	8 636	9 291	8 789	9 789	10 393.56	10 890.31	10 249.83
金山	7 286	7 709	7 846	8 286	8 847	9 483.09	9 619.34	9 755.27
青浦	7 745	7 734	8 098	7 848	8 049	4 280.87*	—	—
崇明	7 093	7 148	6 899	7 133	7 627	8 128.97	7 728.20	7 890.51
郊区小计	7 241	7 319	7 531	7 585	7 873	8 406.85	8 317.95	8 844.54
光明食品	8 256	8 853	9 058	9 529	9 897	10 023.20	10 098.34	10 057.50
全市平均	7 731	8 148	8 376	8 702	9 078	9 356.98	9 486.46	9 807.12

资料来源：上海市农业农村委员会畜牧兽医管理办公室。

*：为青浦区 2015 年 1—5 月的平均产量（4 281kg），6 月退养，奶牛养殖区全部关闭。

**：为宝山区 2017 年 1—4 月的平均产量（3 236kg），5 月退养，奶牛养殖区全部关闭。

***：为浦东新区 2017 年 1—2 月的平均产量（1 454kg），3 月退养，奶牛养殖区全部关闭。

（二）2017 年上海奶牛生产情况

2017 年上海奶牛生产情况分两部分来统计分析。第一部分是根据上海市农业委员会畜牧办统计的数据来分析（归属为上海市的奶牛养殖区）；第二部分是根据上海奶业行业协会收集统计的数据来分析（包括光明牧业在外地的奶牛养殖区和原上海郊区近几年搬迁到上海周边地区异地养殖的奶牛养殖区，这些奶牛养殖区的生乳绝大部分交给光明乳业的）。

1. 归属为上海市奶牛养殖区的生产情况

（1）概况。从 2016 年浦东新区迪士尼周边区域的开发，黑臭河道、畜禽养殖场专项整治和生态环境治理工作的推进，浦东新区 2016 年关闭了 25 个奶牛养殖区，奶牛饲养数比 2015 年减少 7 252 头，奶牛养殖实施区域和结构调整，上海市奶牛饲养总量开始呈现负增长。

2017 年上半年浦东新区进一步全面退养，宝山区、奉贤区也全面退养，光明牧业所在的青浦香花、奉贤胡桥、东海和嘉定朱桥奶牛养殖区也全面退养，奶牛饲养总量继续呈现负增长。2017 年年底上海市饲养荷斯坦奶牛 64 708 头，比 2016 年的 77 273 头减少了 12 565 头，减少 16.26%，其中上海市本地存栏 37 368 头，同比减少 26.15%（主要为浦东新区、宝山区、奉贤区），上海市域外存栏 27 340 头，同比略有增长（主要为江苏海丰和安徽练江奶牛场）。2017 年底饲养成奶牛 34 284 头，比 2016 年同期 40 478 头减少 6 194 头，减少 15.30%；2017 年生乳总产量 36.19 万 t，比 2016 年 36.37 万 t 减少 0.49%；2017 年成奶牛平均累计单产 9 807.12kg，比 2016 年 9 486.46kg 增长 3.38%；2017 年年底奶牛养殖区 38 个，全部为规模化奶牛养殖区，比 2016 年底 65 个减少 41.54%（表 4–7）。

2017 年上海市奶牛生产的总特点可概括为：奶牛养殖区和奶牛总头数、成奶牛头数持续减少，但成奶牛单产有所增长，生乳总产和上年基本持平。

（2）养殖规模。上海奶牛养殖规模从小而散到适度规模，经过了 20 多年的时间。20 世纪 80 年代为了解决当时上海市民吃奶难的问题，在联合国和世界银行援助项目支持下，上海加快了郊县的奶牛发展，出现了一大批养牛户，1988 年养牛户达 4 239 户，平均每户养牛为 10 头，由于养牛户的增加，收奶站也随之大量兴建，到 1994 年上海市牛奶公司共投资建了 34 个收奶站。随后每户的饲养头数有所增加，户数有所减少，到 1998 年养牛户达 1 124 户，平均每户养牛近 30 头。以后，经过自然淘汰，户数进一步减少，每户养牛头数逐步增加，收奶站开始关闭，到 2000 年上海郊区收奶站还剩 15 个。2000 年上海提出奶牛业的升级计划，有计划有步骤地、平稳安定地关闭收奶站。从 1967 年建立第一个收奶站到 2006 年关闭最后一个收奶站，上海收奶站共走过了近 40 年的风雨兴衰历程。上海收奶站的关闭标志着小而散饲养模式结束，一个规模化、标准化养牛时代的开始。2004 年后上海奶牛养殖规模进一步扩大，近 20 多年呈现“牧场减少、规模扩大、单产提高、总产平稳”的态势。奶牛养殖区数逐年减少，2004 年 161 个，2008 年 120 个，2010 年 116 个，2011 年 110 个，2012 年 108 个，2013 年 104 个，2014 年 99 个，2015 年 96 个，2016 年 65 个，2017 年 38 个。奶牛养殖区数减幅一年比一年快，2017 年与比 2004 年比，减少了 123 个。

表 4-7　2017 年 12 月上海市奶牛生产概况

单位	总头数	成奶牛	育成牛	发育牛	犊牛	规模场		生乳总产量（万 kg）	成奶牛平均单产（kg）	上市生鲜奶总量（万 kg）
						牧场数	头数			
合计	64 708	34 284	5 389	14 365	10 670	38	64 708	36 189.70	9 807.12	34 349.67
去年同期	77 273	40 478	8 337	14 429	14 029	65	77 273	36 367.22	9 486.46	34 358.64
比去年同期增减 %	−16.26	−15.30	−35.36	−0.44	−23.94	−41.54	−16.26	−0.49	3.38	−0.03
郊区小计	12 949	6 685	1 684	2 569	2 011	18	12 949	6 737.06	8 844.54	6 522.58
嘉定区	807	434	104	151	118	1	807	430.81	10 276.03	408.12
宝山区	—	—	—	—	—	—	—	368.72	3 235.96	362.52
浦东新区	—	—	—	—	—	—	—	91.45	1 543.54	88.95
奉贤区	917	420	262	175	60	1	917	714.91	8 458.89	697.50
松江区	667	360	48	137	122	1	667	364.63	10 249.83	353.86
金山区	4 316	2 282	293	955	786	8	4 316	2 122.44	9 755.27	2 052.29
崇明区	6 242	3 189	977	1151	925	7	6 242	2 644.11	7 890.51	2 559.34
光明食品集团	51 759	27 599	3 705	11 796	8 659	20	51 759	29 452.64	10 057.50	27 827.09

资料来源：上海市农业农村委员会畜牧兽医管理办公室。

注：闵行区从 2013 年起、青浦区从 2016 年起、浦东新区从 2017 年 3 月起、宝山区从 2017 年 5 月起已经没有奶牛养殖场。

2017 年上海奶牛养殖规模情况见表 4–8 和表 4–9。

表 4–8　2017 年上海奶牛养殖区养殖规模分布（按奶牛养殖区统计）

饲养规模（头）	牛场数（个）	占牛场（%）
101~200	2	5.26
201~500	6	15.78
501~1 000	15	39.48
1 001~10 000	13	34.22
10 000 头以上	2	5.26
合计	38	100

表 4–9　2017 年上海奶牛养殖区养殖规模分布（按奶牛头数统计）

饲养规模（头）	牛场数（个）	占牛场（%）
101~200	301	0.47
201~500	1 321	2.04
501~1 000	11 475	17.73
1 001~10 000	26 174	40.45
10 000 头以上	25 437	39.31
合计	64 708	100

上海奶牛业养殖 500 头以上规模与中小型牧场比较，优势十分明显，生乳产量和质量等各项指标明显高于中小型牧场，特别是规模牧场具备人才和管理优势，对科学养牛，确保奶牛健康、舒适、高产、出效益发挥了应有的作用，在全市奶牛生产中起到了领头作用，带动了全市生产水平整体的提高。

（3）奶牛养殖归属情况。2017 年上海奶牛养殖归属情况（表 4–10）。

表 4–10　2017 年上海奶牛养殖归属划分情况

奶牛养殖区类别	数量（头）	占全市奶牛数（%）
光明食品集团	51 759	79.99
郊区	12 949	20.01
合计	64 708	100

2016 年原上海牛奶集团经营奶牛养殖区整体并入光明乳业下属光明牧业有限公司。2017 年光明食品集团奶牛饲养头数达到 51 759 头，占全市的 79.99%，占有率比 2016 年增加了约 8.36 个百分点，光明乳业自有牧场的奶牛头数所占比例比去年增加，乳业产业

一体化进程得到发展和提高。而上海郊区奶牛饲养头数随着浦东新区、宝山区、奉贤区的全面退养，2017 年饲养头数为 12 949 头，占全市的 20.01%，占有率比 2016 年降低了 8.36 个百分点。

（4）奶牛养殖区域分布。2017 年上海奶牛养殖区域分布（表 4–11）。

表 4–11　2017 年上海奶牛养殖区域分布

奶牛养殖区所在区域	数量（头）	占全市奶牛数（%）
海湾（浦东新区、奉贤、金山）	17 606	27.21
海岛（崇明）	18 288	28.26
海丰（江苏大丰）	25 437	39.31
其他（嘉定、松江、安徽练江）	3 377	5.22
合计	64 708	100

上海奶牛养殖区域主要分布在“三海”，即：海湾、海岛和海丰（江苏大丰）。2017 年和 2016 年相比，由于浦东新区、宝山区、奉贤区奶牛的全面退养和 2016 年江苏海丰二期申丰万头奶牛养殖区的投产，原来区域布局有所变化。海湾（浦东新区、奉贤、金山）2017 年饲养奶牛 17 606 头占 27.21%，比 2016 年减少 7.15 个百分点；海岛（崇明）2017 年饲养奶牛 18 288 头占 28.26%，比 2016 年增加 4.13 个百分点；海丰（江苏大丰）2017 年饲养奶牛 25 437 头占 39.31%，比 2016 年增加 7.1 个百分点；其他（嘉定、松江、安徽练江）2017 年饲养奶牛 3 377 头占 5.22%，比 2016 年减少 4.08 个百分点。

（5）牛群结构分布。2017 年上海奶牛群结构分布合理，成奶牛 34 284 头，占 52.98 %，比 2016 年的 52.38% 增加 0.6 个百分点；育成牛 5 389 头，占 8.33 %，比 2016 年的 10.79% 减少 2.46 个百分点；发育牛 14 365 头，占 22.2%，比 2016 年的 18.67% 增加 3.53 个百分点；犊牛 10 670 头，占 16.49%，比 2016 年的 18.16% 减少 1.67 个百分点。

2017 年上海牛群结构分布（表 4–12）。

表 4–12　2017 年上海牛群结构分布

牛群结构	数量（头）	占全市奶牛数（%）
成郛牛	34 284	52.98
育成牛	5 389	8.33
发育牛	14 365	22.2
犊牛	10 670	16.49
合计	64 708	100

（6）奶牛平均单产分布情况。2017 年上海市 38 个奶牛养殖区，成奶牛单产 5~5.99t 的 2 个（其中 1 个为饲养娟姗杂交牛的练江有机牧场）；成奶牛单产 7~7.99t 的 5 个；成奶牛单产 8~9.99t 的 3 个；成奶牛单产 9~9.99t 的 17 个；成奶牛单产 10~10.99t 的 9 个；成奶牛单产超过 11t 的 1 个；后备牛场 1 个。

2017 年上海奶牛平均单产分布情况，分别按奶牛养殖区数和牛头数进行统计分析（表 4–13、表 4–14）。

图 4–13　2017 年上海奶牛平均单产分布（按牛场数统计）

产量水平	牛场数（个）	占全市牛场数（%）
5~5.999t	2	5.26
7~7.999t	5	13.16
8~8.888t	3	7.89
9~9.999t	17	44.74
10~10.999t	9	23.68
11t 以上	1	2.63
后备牛	1	2.63
合计	38	100

表 4–14　2017 年上海奶牛平均单产分布（按牛头数统计）

产量水平	牛场数（头）	占全市牛场数（%）
5~5.999t	113	0.17
7~7.999t	4 475	6.92
8~8.888t	1 746	2.7
9~9.999t	23 420	36.2
10~10.999t	32 039	49.51
11t 以上	817	1.26
后备牛	2 098	3.24
合计	64 708	100

2017 年单产超过 10t 奶牛养殖区情况（表 4–15、表 4–16）。

按奶牛养殖区数统计结果看 2017 年成奶牛单产超过 8 000kg 的有 30 个奶牛养殖区，占 78.95%。因为这些奶牛养殖区的规模均比较大，所以按奶牛头数统计结果看，成奶牛单产超过 8 000kg 的奶牛养殖区共饲养 58 022 头荷斯坦奶牛，占 89.67%。

表 4-15　上海市 2017 年成奶牛单产 10~10.99t 奶牛养殖区

单产排名	牧场	归属	总头数（头）	成奶牛（头）	平均单产（kg）	比去年同期增减（kg）
1	上海市金山区金山卫畜牧水产场	金山区	360	190	10 420	
2	江苏申牛牧业有限公司（申丰奶牛场）	光明牧业	13 340	7 081	10 404	−289.59
3	上海牛奶练江鲜奶有限公司	牛奶集团	1 790	960	10 280	690.01
4	上海嘉定区超华奶牛场	嘉定区	807	434	10 276	
5	松江区秋红奶牛场	松江区	667	360	10 250	
6	上海牛奶集团鸿星鲜奶有限公司	光明牧业	680	488	10 242	239.25
7	江苏申牛牧业有限公司（海丰奶牛场）	光明牧业	12 097	6 443	10 221	−40.49
8	上海希迪乳业有限公司	光明食品	1 373	726	10 055	−115
9	上海佳辰牧业有限公司	光明牧业	925	704	10 003	−2.65

表 4-16　上海市 2017 年成奶牛单产超 11t 奶牛养殖区

单产排名	牧场	归属	总头数（头）	成奶牛（头）	平均单产（kg）	比去年同期增减（kg）
1	上海振华奶牛有限公司	金山区	817	424	11 054	−327

（7）上海近年生乳质量情况。上海以国际标准生产优质牛乳——实施优化奶源行动计划，从 1995 年以来，在提高奶源质量上狠下功夫。上海地区生乳质量在全国处于领先水平。现行生乳收购检测为乳脂率、乳蛋白率、菌落总数、抗生素残留、黄曲霉毒素 M_1、冰点、亚硝酸盐、体细胞数等八大指标，以严格的标准，用经济杠杆手段，引导奶牛养殖区生产优质生乳，来获取更高的经济效益。自 2008 年 5 月，上海建立生乳价格协商机制以来，奶牛生产保持良性发展。加上第三方监测、优质优价机制不断完善。近年来上海标准化、现代化、规模化奶牛养殖区建设工作逐年推进，全部为规模化奶牛养殖区。机器挤奶，挤出的生乳直接进入直冷式冷缸，减少了空气接触污染、并可立即制冷，使奶温降至要求的 4℃以内。乳制品厂直接到奶牛养殖区收购生乳，减少中间环节，保证生乳质量。上海收购的生乳质量明显提高，乳脂率、乳蛋白率逐年提高，菌落总数、体细胞数逐年下降。

2. 稳步推进优质乳工程，全面提升生乳质量

优质乳工程利国、利企、利民，上海稳步推进优质乳工程。2017 年 4 月会同国家奶业科技创新联盟专家专程到光明乳业讨论推进实施优质乳工程工作部署，并召开了由奶协、奶农、乳企业和检测单位等四方代表会，为在上海地区推进优质乳工程，确定由上海市农产品质量检测中心为第三方对生乳进厂采样进行全过程监督。5 月光明乳业在华东中

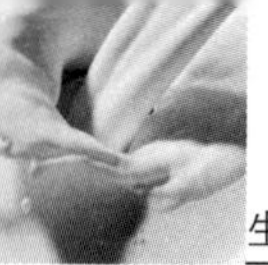

心工厂召开了“上海地区推进优质乳工程”动员启动大会。6月召开了奶协、奶农和光明乳业三方协商会议，为推进优质乳工程，讨论通过了从8月1日起对上海地区生乳微生物及体细胞项目进行调整，提高标准、确保上海地区生乳收购的质量。光明乳业全面实施优质乳工程，组建专业项目团队，制定了严格的巴氏杀菌乳内控标准，并在国家奶业科技创新联盟专家指导下开展实施了46项优化措施，最终全部按期完成，12月以优异成绩通过项目验收，并举办《食品安全白皮书2017版发布暨优质乳工程授牌仪式新闻发布会》，光明乳业被国家奶业科技创新联盟授予副理事单位及优质乳工程示范基地。

自2008年5月，上海建立了生乳价格协商机制以来，奶牛业生产保持了良性的发展。加上第三方监测、优质优价机制不断完善。经公开招标，2016年下半年起上海地区生乳按质论价测试第三方检测机构由“上海德诺产品检测有限公司”调整为“上海市农产品质量安全检测中心”。

2018年上海地区生乳按质论价第三方检测机构上海市农产品质量安全检测中心的测试结果（表4–17）。

表4–17　2018年上海地区生乳按质论价测试结果（平均值）

月份	脂肪（g/100g）	蛋白质（g/100g）	冰点（℃）	亚硝酸盐（检出限：0.2mg/kg）	黄曲霉毒素 M_1（检出限：0.5μg/kg）	抗生素	体细胞（万个/mL）	菌落总数（万CFU/mL）
1月	3.78	3.26	–0.538	未检出	未检出	阴性	21.1	1.50
2月	3.71	3.25	–0.539	未检出	未检出	阴性	21.2	1.09
3月	3.73	3.24	–0.540	未检出	未检出	阴性	22.2	1.30
4月	3.64	3.24	–0.540	未检出	未检出	阴性	22.1	1.40
5月	3.60	3.24	–0.540	未检出	未检出	阴性	21.2	1.90
6月	3.62	3.19	–0.540	未检出	未检出	阴性	22.0	1.90
7月	3.67	3.20	–0.540	未检出	未检出	阴性	23.6	2.60
8月	3.64	3.25	–0.540	未检出	未检出	阴性	25.6	1.52
9月	3.76	3.33	–0.542	未检出	未检出	阴性	26.7	1.19
10月	3.82	3.30	–0.542	未检出	未检出	阴性	24.3	3.00
11月	3.76	3.26	–0.534	未检出	未检出	阴性	20.1	3.20
12月	3.79	3.28	–0.542	未检出	未检出	阴性	19.5	0.83
平均	3.71	3.25	–0.540	未检出	未检出	阴性	22.5	1.81

3. 上海奶牛业发展的优势

上海奶牛养殖的历史比较长，大群奶牛的规模化养殖也有60年的历史，在长期的饲养过程中积累了丰富的技术和经验，具有明显的优势。

（1）发展的优势（技术、人才、信息、服务、管理）。上海拥有牛奶集团和光明荷斯坦两个“上海市企业技术中心”；有上海市奶牛研究所、国家奶牛产业技术体系上海试验站和上海优质生乳产业技术创新战略联盟、上海交大农学院、上海农科院等科研及技术推广部门。上海和奶牛业先进国家交流广泛，可以吸引国内外优秀人才充实这支队伍。上海是国际大都市，和国内外信息交流广泛，《长三角奶业》《上海奶牛》《奶农之友》刊物和“长三角、南方、荷斯坦乳业论坛”均深受业内同行青睐。拥有“鼎牛饲料”等一大批为奶牛养殖提供饲料、兽药、冻精、设备等供应和服务性企业，为奶牛养殖提供优质服务。上海农业、科技等政府管理部门和奶业行业协会历年来给奶牛业发展提供政策支持、资金投入和技术服务。上海牛奶集团、光明荷斯坦实施与推广“6S精细化管理”和“千分制管理”，奶牛生产管理在全国处于领先地位。

近年来上海还承担了《南方大城市郊区优质、高效、生态奶牛养殖技术》等多项部、市级科技项目，并获得多项成果。通过研究、攻关与实施，确定了我国南方大城市郊区现代化乳业发展模式，即质量效益型奶牛生产模式：“南方大城市郊区根据城市发展的要求，应用集成现代高技术，坚持少养精养，以追求经济效益为目标，探索了‘生态、优质、高产、高效’现代化奶牛发展模式，在发达城市郊区严格控制奶牛头数，以高产成母牛为主要养殖对象，集成现代饲养管理技术体系，重点追求高产量和高效益，将投入产出比不高的后备牛和低产牛转移至项目辐射区，既保证了大城市消费群体对高品质鲜奶的消费需要，又避免过多养殖给城市带来的生态压力。”

（2）得天独厚的乳制品消费市场。上海市民有良好的饮奶习惯，2012年城镇居民家庭平均每人全年乳制品消费支出为494.26元，是全国平均253.57元的近2倍，为全国最高。2013上海常住人口约为2 371万人，户籍人口约为1 421万人，来沪常住人口约965万。如此庞大的人群，加上家庭收入和生活水平的不断提高，确实是乳制品消费的最好市场。随着人们对健康、营养、乳制品性质的进一步认识，特别是巴氏消毒奶、酸奶具有得天独厚的市场。

（3）优质、高产的牛群。优质、高产始终是上海奶牛养殖的宗旨与定位，历年来承担多项国家和部、市级奶牛育种项目，引进国内外优秀种公牛、胚胎、冷冻精液，改良和提高上海牛群质量。投资2 857万元组建设施一流、技术先进的新奶牛育种中心2003年10月落成，有设施先进的科研基地和产业化示范牧场。保证了上海奶牛质量逐年提高，2013年成奶牛单产达8 702kg，创历史新高、为全国领先。

4. 上海奶牛业发展的制约发展的瓶颈

随着城市化进程的加快，建设重心转向郊区，制约上海奶牛业发展的瓶颈不断显现与

突出。

（1）环境保护压力大，土地资源紧缺，养牛空间越来越小。生态化建设力度加大，城市农业环境压力增大，土壤和水质污染严重，奶牛养殖区布局仍有不合理，牛粪尿污染问题突出。上海禁止养殖区范围进一步扩大，近年还有多个千头奶牛养殖区要搬迁或关闭。畜牧产业空间越来越小。

（2）奶牛饲养成本居高不下。上海劳动力成本高，饲草饲料资源紧缺，能源和饲料资源缺乏竞争力。近年来，饲料价格持续上涨，水、电、煤价格也不断攀升，致使奶牛饲养成本居高不下。

（3）夏季高温高湿，严重制约奶牛生产性能发挥。奶牛耐寒怕热，荷斯坦牛的适宜温度为10~20℃，相对湿度为60%~80%。但全球气候变暖，上海近年来夏季高温、高湿天气日趋增多，2013年上海夏季长达5个多月，最高气温（40.8℃）和35℃以上的高温天均超过了131年以来的历史记录，严重制约奶牛生产性能的发挥，导致产奶量降低、效益下降。

（4）郊区奶牛养殖区棚舍与设施陈旧老化，制约奶牛养殖业发展。上海郊区奶牛养殖区大部分建于30年前，限于当时的资金和观念，牛舍建得低矮、狭小和简陋，均采用传统的栓系饲养模式，多年来又缺少维修。同时，随着育种与饲养技术的进步，奶牛的体形增大。奶牛养殖区环境差，不利于人、牛的福利与舒适度，影响奶牛养殖区用工和奶牛生产性能的提高；奶牛养殖区棚舍与设施不利于机械化操作，影响劳动生产率的提高；不利于奶牛健康，影响生乳质量和繁殖率的提高；不利于防暑降温，严重影响奶牛生产性能的提高和发挥。

三、按质论价实施的历程

从1995年以来，上海乳业就矢志不渝地在提高奶源质量上狠下功夫。可喜的是，如今上海地区的奶源质量水平远高于国家规定的标准，就几项主要的质量指标而言，总体水平已接近国外乳业发达国家的水准，估计有70%左右的成母牛所产牛乳的质量水平已经达到了国际先进水平。这在国内来说，明显地处于全国领先的地位。

近20年来上海乳业所走过的道路，清晰的展现出这样一段历史演变的轨迹，即上海市政府有关部门、市奶业行业协会与广大乳品企业，进行了坚持不懈的长期而成功的合作；对实施第三方检测，坚持统一执行按质论价政策，进行了持续积极而有益的探索；摸索出一套从国情出发，逐步与国际接轨，体现中国特色，切合上海实际的生乳收购按质论价办法。实践充分表明，将第三方检测与按质论价办法相结合，并不断改进和完善按质论价指标体系和运作机制，其功效可谓获得三赢：企业可收到高质量奶源；消费者可喝到高品质的牛乳；奶农可因此而推进转型并增加收入。

1. 有关第三方检测的地方性法规出台前后

20世纪80年代，上海当时的按质论价还只是单纯的以脂肪论价。计价检测机构直属于牛乳公司。无论是计价办法还是检测机构，均无合理性和公正性可言。随着经济体制改革的不断深入，业内奶农和乳企开始呼吁建立真正的第三方检测机构和完善按质论价办法，论价合理性和强化奶源质量控制方面的需求。然而，在探索第三方检测，完善按质论价办法的过程中，碰到的第一个障碍就是没有配套的政府规章和具体实施细则，导致接下来的一系列工作都无法开展。当时在市奶业工作小组办公室的牵头下，会同市物价局，市技术监督局和市卫生局等部门，就尽快出台相关管理办法进行调研与协调。结果在有关各方的协同努力下，上海终于迈出了具有里程碑意义的第一步。2000 年 2 月 15 日，经市政府批准，由上海市农委会同市技监局、市物价局、市卫生局联合发布了“上海市生鲜牛乳质量管理暂行办法”（下称“暂行办法”），正式在上海市实施生鲜牛乳第三方按质论价检测。文中明确授权由上海市乳品质量监督检验站具体承担全市的按质论价检测任务。这也堪称是国内有关生乳质量管理实施第三方检测的第一部（迄今为止也仍是唯一的一部）地方性政府规章。以今天的眼光来看，尽管这一“暂行办法”远非尽善尽美；但在当时的背景下，确实具有开创性和前瞻性。地方性法规的出台，为后续的生乳质量第三方检测制度的建立和发展创造了必要条件、奠定了坚实的基础。

2. 有关按质论价体系发展的若干指导原则

在建立生乳收购按质论价体系的过程中，有五项原则是必须始终坚持和注意把握的。

（1）必须体现指标和体系的科学性、安全性、合理性和可操作性。

（2）必须确保原奶价格的有效调控；这一点是上海之所以能将第三方检测和按质论价有机结合、成功运行并坚持到现在的必要前提和重要保证。

（3）必须对不同质量的原奶进行价格升降，优奖劣罚；对好奶一定要给予好价钱。

（4）必须严格遵行“走小步、不停步、循序渐进、积极稳定”的原则。

（5）必须将国家有关标准作为依据，同时参照国际上的有关标准，并紧密结合上海的实际。

3. 按质论价指标体系不断完善的 6 个阶段

生乳价格形成机制在我国乳业界一直是关注的焦点。能否建立起有效的生乳价格形成和调控机制，是整个乳业产业体系健康发展的基石。生乳价格的合理与否，事关乳业可持续发展的大计。它关系到广大奶农的生计，关系到乳制品企业的生存，也关系到消费者的切身利益。

上海实行奶价协商机制历史悠久，从 20 世纪 80 年代开始就已经出现。当时的按质论价还只是单纯的以脂肪论价。计价检测机构隶属于牛乳公司。当时上海还没有第三方检测机构。

2000 年 2 月 15 日，经市政府批准，由上海市农委会同市技监局、物价局、卫生局联合发布了“上海市生乳质量管理暂行办法”，正式在上海市实施生乳第三方按质论价检测。21 世纪初，上海生乳交售过程中的质量检测开始实施第三方检测。

按质论价指标体系经历了很长一段过程，从20世纪80年代到现在，一共经过6个阶段。

第一阶段（1996年6月—2000年3月）：以生乳中的脂肪和蛋白作为计价依据。第二阶段（2000年3月—2002年12月）：增加了抗生素残留和菌落总数计价与考核。第三阶段（2002年12月—2004年5月）：增加了黄曲霉毒素 $M_1 \leq 0.5\mu g/kg$ 的指标。第四阶段（2004年5月—2006年6月）：增加了生乳冰点测试的合格范围和亚硝酸盐指标的考核。第五阶段（2006年6月—2015年）：将体细胞纳入计价体系。第六阶段（2016年至现今）：全面推行优质乳工程。

20多年时间里，组织专家和奶农、乳品加工企业双方，本着对消费者负责的精神，不断完善和优化生乳质量管理体系，逐步形成了与价格挂钩的生乳质量管理办法。

为了实现上海在生乳交售上更良好的秩序、生乳价格，能更及时的反映生产成本的因素和生乳价格逐步实现市场化，2008年9月在上海奶业行业协会的呼吁和协调下，由市发改委、市农委会同乳品企业和奶农代表协商出台了“上海市生乳价格形成机制”，至今都在正常执行。

上海生乳价格协商的过程和方法，包括以下9个方面。

（1）确立“生乳价格形成机制和实施方案”。

（2）选举产生奶农代表。

（3）确定生乳全成本调查方法。

（4）确定生乳全成本调查样本牧场。

（5）实施生乳全成本调查。

（6）发布生乳全成本调查结果。

（7）协商生乳购基础价。

（8）发布生乳收购基础价。

（9）特殊事件的补充协商机制。

2015年上海市发改委向市委、市府提出，生乳价格退出政府定价目录，推进奶价的市场化改革，由市场决定收购价格，从而退出基本由政府主导的价格决定机制。

2015年是市政府推进上海生乳价格市场化改革的一年，为了确保上海地区乳业稳定、健康发展，坚持优质优价、规范第三方检测，完善优质优价标准，加大了成本调查培训力度，力求客观真实地反应基础奶价，同时借助政府的优势，加大协会、企业、奶农三方协调力度，经多次协商，确定了上海地区合理的奶价，使上海没有发生压奶、倒奶现象，不仅稳定了上海的乳业市场，也为全国乳业市场树立了标杆，从而受到农业部和市政府领导的肯定。

由上海乳业行业协会组织上海地区奶牛养殖区生乳生产成本调查，在生乳生产成本调查的基础上，组织召开有光明乳业、奶农和奶协代表参加的生乳价格协商会。确定2017

年上半年上海地区生乳收购基础价格为 3.78 元 /kg，结算时间为 1—6 月；下半年上海生乳收购基础价为 3.75 元 /kg，结算时间为 7—12 月。同时执行规模和优质优价奖励。2017 年开始实施“生乳收购季节差价”和为奶牛养殖区“两病”净化制定的《上海地区奶牛场等级评定及奖惩办法》。形成现在生乳收购的八大检测指标：脂肪、蛋白质、菌落总数、抗生素、亚硝酸盐、黄曲霉毒素 M_1、冰点、体细胞数。抗生素、亚硝酸盐、黄曲霉毒素 M_1、重金属或农药残留超标，均销毁并停止收购。直至复检合格后才继续收购。即生乳实际结算价 = 基础价 + 按质论价（脂肪、蛋白、体细胞、微生物、冰点）+ 分级奖励 + 季节差价 + 两病净化奖惩。

2017 年上海地区生乳平均收购价格（光明乳业结算给奶农的价格）4.36 元 /kg。此结算价的平均质量指标为：乳脂肪 3.70%、乳蛋白 3.19%、菌落总数 2.87 万 CFU/mL、体细胞数 25.65 万个 /mL（数据来源：光明乳业华东奶源部）。其结果和上海地区生乳按质论价第三方检测机构：上海市农产品质量安全检测中心测试的 2017 年上海地区生乳按质论价测试结果（乳脂肪 3.72%、乳蛋白 3.22%、菌落总数 2. 72 万 CFU/mL、体细胞数 24.9 万个/mL）基本一致。

四、第三方检测运作的体制和机制

1. 上海生乳质量安全检测体系的体制和功能

上海是全国运行最早并且唯一实现在全市范围内对生乳收购进行第三方计价检测和质量安全监测的地区，生乳质量安全检测体系运作至今已近 20 年。其运作体制自然会引起兄弟省市的浓厚兴趣。就其实质来分析，最初受委托的上海市乳品质量监督检验站是一家带有政府背景、多元化组合、市场化运作的第三方检测机构。2004 年经改制、重组，彻底改变了其从属于乳品企业的地位，质检站挂靠在由光明乳业、牛奶集团、联华超市和原市畜牧兽医站及经营者个人共同持股成立的上海德诺产品检测有限公司。2014 年，在上海市质量技术监督局的强力干预下，该公司的股份构成又进行了重大改组和调整，原有股权所有者均全数退出，改由社会招股，由社会上与乳业产业链及无任何利益关联的民营企业入股并控股。随着机构改革和调整，为确保此项工作的公正性和权威性，2017 后生乳质量安全检测体系日常检测工作由上海市农业农村委下属的事业单位上海市农产品质量安全检测中心（2019 年后检测中心合并至上海市农产品质量安全中心，以下简称“质检中心”）承担，为奶农和乳品加工企业提供技术服务。

以上模式构成了上海目前在生乳日常收购质量安全上的第三方把关，再加上海市农业农村委下属的上海市动物卫生监督所、上海市动物疫病预防控制中心对牧场的执法监督，形成全市比较完整的全过程的生乳质量安全检测体系。

2. 上海市生奶计价检测体系的运作体制

根据“暂行办法”的有关规定，质检机构的任务是对生乳质量安全指标进行检测，并

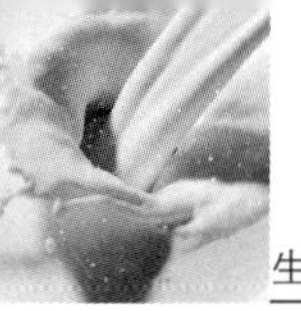

提供客观、准确的数据。生乳采样是检测工作中重要的环节。目前，实际运作情况是两种采样方法同时并存，即到牧场采样和在加工厂采样。前者系通过第三方物流运输的驾驶员采样；后者是企业自运到加工厂集中采样。而奶样则经加工厂统一转送至质检中心进行检测。收奶企业的地区事业部对生乳物流配送进行调度。质检中心及时将检测结果反馈给事业部和各奶牛养殖区。事业部依据质检中心提供的数据，以及市物价局统一发布的价格进行计价和结算。整个计价检测体系实施牧场监督、加工厂监督和质检中心监督的有机结合（图 4–6）。

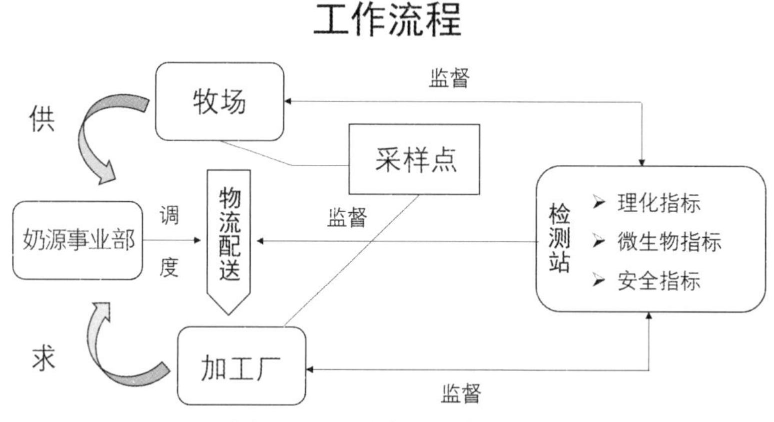

图 4–6　牧场监督、加工厂监督和质检中心监督的有机结合

为保证检测数据的“三公”（公开、公平、公正），质检中心对所有样品进行条形码管理。理化采样瓶附加防盗装置，微生物采样则使用一次性无菌防盗瓶。对理化指标、冰点和体细胞这几项指标做到对每个企业、每个样品，每批次必检；对微生物、抗生素、黄曲霉毒素 M_1 及亚硝酸盐等指标采取每批采样，每 10 天随机抽检一次的方式。一旦出现异常情况，随时上门跟踪检查。所有指标的测试，单价由市物价局统一核定，费用由供需双方各承担 50%。此外，质检中心还会根据需要对供奶单位和运输、采样环节进行不定期的跟踪检查，并有针对性地开展服务、咨询和相关业务培训。

3. 第三方检测成功的历史经验

被称为“上海模式”的生乳第三方按质论价体系令很多省市羡慕不已。纵观 20 多年来的历史轨迹，确实有不少值得总结的有益启示和成功经验。可以说，上海乳业从 20 世纪 90 年代中期到 21 世纪初走过的道路是在特定的历史条件下，即在政府对社会控制规范力较强的情况下，所表现出的一种特殊发展模式。一旦市场价格放开，政府职能的减退，社会及市场规范力的松弛，要有效实施第三方检测，对生乳收购市场进行规范管理，确实是有相当难度的。然而，上海模式中不是没有值得总结和借鉴的历史经验和成功做法。

（1）对建立第三方按质论价检测新模式的重要性、关键性和紧迫性，必须在全行业及有关多方从思想上形成共识，在行动上达成一致。在整个推行实施过程中参与主体的协同合作至关重要，绝不是简单的自上而下的行政命令。第三方按质论价的相关参与方包括政府和有关部门、行业协会、乳企业以及郊区主管部门和奶农都有比较明确的合理分工，形成一种有效的伙伴关系，各自发挥优势，各司其职，形成合力，共同参与。概括起来既有宣传动员及技术培训，又有市场机制的利益杠杆，还有政府规范的权威制约。

（2）制定有关第三方检测的地方性政府规章或法规是实施生乳质量监测体系建设中的重要前提和关键要素。现代化的市场依然离不开政府的有效控制和管理。政府必须有能力去规范企业的商业行为，从而确定公正公平的市场秩序。上海模式的成功之处，可以使政府在其中始终起着主导的作用。制定规范市场秩序的法律法规，恰恰是政府义不容辞的职责和义务。依法论理，依法实施，才能使第三方按质论价得以顺利运行。离开了这一条，第三方检测则一事无成。事实上，上海每一项生乳按质论价政策的出台，都离不开市物价局、市农业农村委等部门的重视和参与。

（3）建立由政府授权的，独立公正透明的第三方检测机构是实施第三方按质论价的必要条件和组织保证。概括地说，必须有法定的组织机构。稳定的经费来源，专业的技术队伍，必要的仪器设备及运输工具。要制定与政府法规相配套的实施细则，包括计价指标体系、运作规范程序、常规和定期检测项目，组织技术培训，统一测定方法，定期校正仪器，并在发生纠纷时依法进行处理和协调等。

（4）实施第三方检测与执行按质论价两者之间的结合是确保计价检测的“三公”，从而达到“三赢”目标的基石和核心。不能简单地把第三方检测当作仅仅是在双方发生质量纠纷时进行仲裁的手段。这是不少地方尝试、运行、屡遭失败的重要原因。要真正做到检测的“三公”和市场的健康有序，就必须实现检测的常态化、制度化。这就要求我们把第三方检测和企业每天在运行的按质论价有机的结合起来。坚持把第三方检测的结果作为企业日常按质论价的唯一依据。

（5）纵观上海按质论价办法逐步完善的历史轨迹，充分体现了如前所述的几个基本原则，特别是“走小步，不停步”，与国际接轨，与时俱进，不断提升的精神。每一项事关奶农切身利益和牛乳质量安全指标的出台，都抱着极为慎重的态度，都要经过试运期的阶段，发现问题及时调整。以菌落总数和体细胞指标的出台为例，相继都经历了空运期（暂不与价格挂钩），只奖不扣，多奖少扣，同奖同扣和重奖重罚等阶段，体现了循序渐进和积极稳妥的原则。2019 年上海生乳按质论价计价体系见表 4–18。

表 4–18　2019 年上海生乳按质论价计价体系

指标	标准	价格（元 /kg）	上下浮动	封顶	备注
脂肪	3.25%	3.92	0.10%	3.70%	执行日期 2020 年 1 月 1 日至 2020 年 6 月 30 日
蛋白质	2.95%		0.10%	3.30%	

（续表）

指标	标准	价格（元 /kg）	上下浮动	封顶	备注
菌落总数（TPC）（CFU/mL）	TPC ≤ 100 000	0.04			
	100 000 < TPC ≤ 300 000	0.00			2 次 / 旬拒收整改
	300 000 < TPC ≤ 500 000	-0.10			1 次 / 旬拒收整改
	500 000 < TPC ≤ 1 000 000	-0.40			1 次 / 旬拒收整改
	TPC > 1 000 000	-1.00			1 次 / 旬拒收整改
体细胞数（SCC）（个 /mL）	SCC ≤ 200 000	0.15			
	200 000 < SCC ≤ 250 000	0.12			
	250 000 < SCC ≤ 300 000	0.05			
	300 000 < SCC ≤ 400 000	-0.05			3 次 / 旬拒收整改
	400 000 < SCC ≤ 750 000	-0.15			2 次 / 旬拒收整改
	750 000 < SCC ≤ 1 000 000	-1.00			1 次 / 旬拒收整改
	1 000 000 < SCC ≤ 2 000 000	-2.00			1 次 / 旬拒收整改
	SCC > 2 000 000	-3.00			1 次 / 旬拒收整改
冰点（FP）	-0.508 < FP ≤ -0.500	-0.10			
	FP > -0.500	-0.50			
优质乳考核:	脂肪≥ 3.3%	对每槽车原料奶的微生物和体细胞实施奖励，前提是 4 项指标同时满足。未能同时满足，该槽车原料奶的微生物和体细胞只扣不奖。乳脂率和乳蛋白率按基础价进行结算。			
	蛋白质≥ 3.1%				
	菌落总数 ≤ 10 万 CFU/mL				
	体细胞 ≤ 30 万个 /mL				
嗜冷菌（PB）（CFU/mL）	PB ≤ 1 000	0.03	每旬任一天检测，检测数据作为下一旬考核的依据		
	1 000 < PB ≤ 10 000	不奖不罚			
	10 000 < PB ≤ 100 000	-0.05			
	PB > 100 000	-0.10			
牛乳抗生素残留量检测为阴性的判为“合格乳”；若为阳性，判为“不合格乳”。					
牛乳黄曲霉毒素 M_1 残留量≥ 0.5mg/kg 的，判为“不合格乳”。					
牛乳亚硝酸盐含量 >0.2mg/kg 的，判为“不合格乳”。					

（6）紧密结合当地实际，在实践中进行摸索，通过总结所产生的奶价形成机制，对于

促进奶价基础价格的合理化，保护奶农和乳企的合法权益，确保第三方按质论价的顺利实施以及稳定乳业生产同样具有示范性意义。

综上所述，上海近 20 年来持之以恒、坚持不懈的努力，使第三方生乳质量检测不断得到巩固、发展和完善。这正好应验了外国以为著名的保险业行家的诤言：只要方向对头，成功者绝不会放弃，而放弃者绝不会成功。

4. 第三方质量检测对上海乳业的推动作用

历史经验表明，第三方质量检测和按质论价的持续改进、完善和制度化运行，对于加快上海乳业的现代化进程，发挥了十分重要的作用。它是奶牛养殖区转型升级的驱动力和加速器。它会激励奶农不断提高原奶质量安全水平，使其集中精力关注科学饲养技术的应用，从而提高奶牛单产和增加经济收入。近年来随着产量、质量和效益的逐渐提高，全市奶牛养殖区的规模结构日趋合理。具体表现如下。

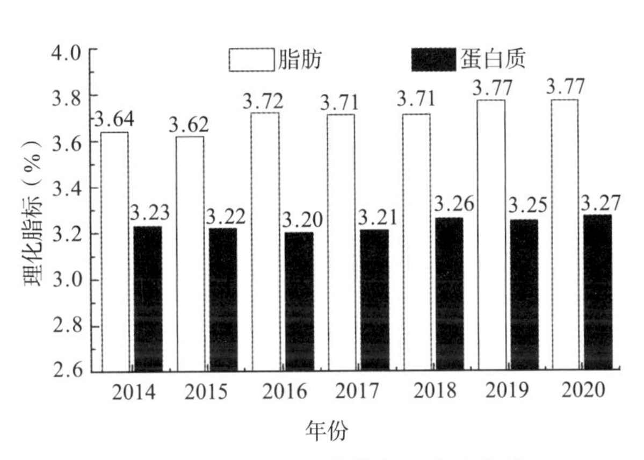

图 4–7　上海地区理化指标历年变化情况

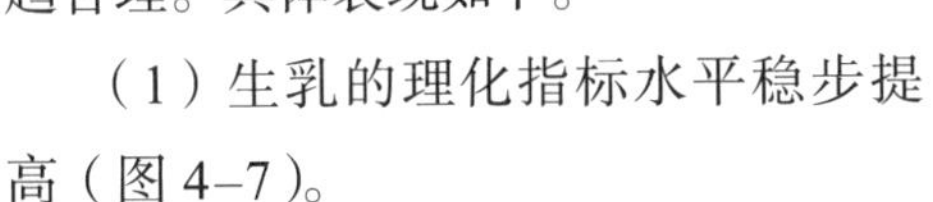

（1）生乳的理化指标水平稳步提高（图 4–7）。

（2）微生物指标明显改善（图 4–8）。早在 2008 年左右，上海地区的微生物指标已达到国际先进水平，即 10 万 CFU/mL 以下的比例已超过 70%；上海地区的生乳菌落总数从 2014 年的 9.56 万 CFU/mL 下降至 2019 年的 0.703 1 万 CFU/mL；2020 年有小幅度的增长。2019 年，上海地区各牧场嗜冷菌数平均值从 12 万 CFU/mL 下降至 1 万 CFU/mL 以下，并在 2020 年得到很好的改善，保持在 1 万 CFU/mL 上下浮动。如果以有关生乳国际标准衡量，应该说早已达到 100% 合格的水平（表 4–19）。

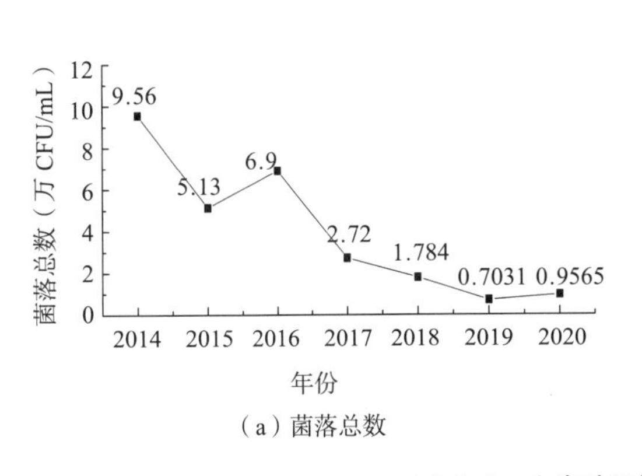

（a）菌落总数

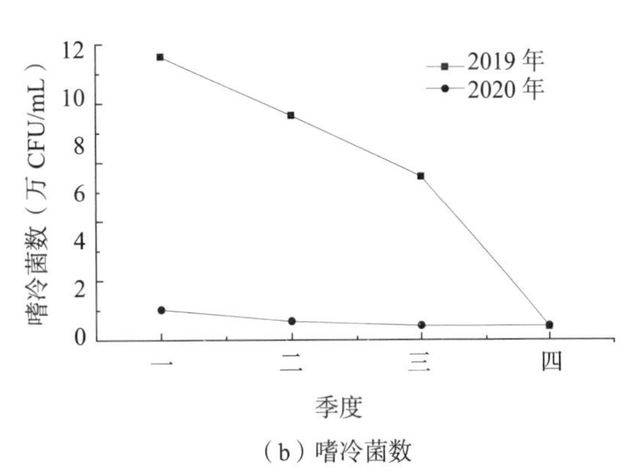

（b）嗜冷菌数

图 4–8　上海地区微生物指标变化情况

表 4-19　2013 年菌落总数分档监测情况汇总

2013 年（1—12 月）	检测结果（万 CFU/mL）	检测样品数（件）	百分比（%）	合计（%）
优质	< 10	35 490	69.4	92.2
特级	10~40	11 670	22.8	
甲级	40~100	3 970	7.8	7.8
合计		51 130	100	100

注：数据为 2013 年上海市第三方数据汇总分档。

（3）体细胞的变化趋势逐年向好（图 4-9）。1996—1998 年，上海生乳体细胞平均数一直在 60 万 ~100 万个 /mL 徘徊，未见明显下降，经过多年来的艰苦努力，特别是将体细胞与价格挂钩，并于后期推出重奖重罚的政策之后，体细胞水平呈现较大幅度的改善，奶牛乳腺炎的发病率也有明显的下降，乳房健康状态大为好转，也促进了奶产量的逐年提升（表 4-20）。从表 4-20 中可以看出，2013 年体细胞数达到 50 万个 /mL 以下（即与国际先进水平接轨的水平）的比例已接近 50%，75 万个 /mL 以下（即达到美国合格标准）的比例已高达 75.6%。应当指出的是，在迄今为止国家标准中尚未列入强制性指标的情况下，上海地区单独而率先把体细胞指标列入按质论价参数体系的一个特例。

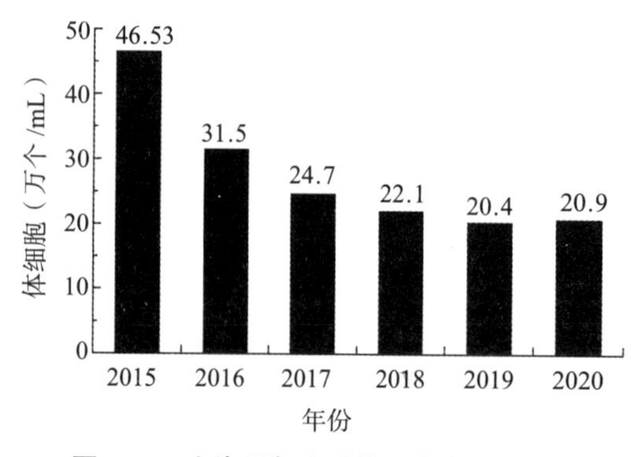

图 4-9　上海历年生乳体细胞变化曲线图

表 4-20　2013 年体细胞数分档监测情况汇总

2013 年（1—12 月）		检测结果（万个 /mL）	检测样品数（件）	百分比（%）	合计（%）
优质	奖励	< 30	7 530	14.7	47.8
		30~50	16 910	33.1	
良好		50~75	14 230	27.8	27.8
及格	扣款	75~100	6 690	13.1	13.1
不合格	重扣	> 100	5 770	11.3	11.3
合计			51 130	100	100

注：数据为 2013 年上海市第三方数据汇总分档。

（4）传统的收奶站已全部取消。1999 年，上海还有 22 个收奶站，数百户分散的奶农。到 2003 年，随着散养户的退出，规模奶牛养殖区的兴起，传统意义上的收奶站已经全部被撤销。与此同时收奶方式也发生了历史性的变化，全部改为由加工厂上门（到奶牛养殖区）收奶。

（5）规模奶牛养殖区发展迅速，规模化程度日趋合理（表 4–21）。

表 4–21　2008—2014 年奶牛场饲养规模

年份	饲养规模（头）	养殖单元（个）	奶牛数量（头）	占牛场数量比例（%）	占奶牛总数比例（%）
2008	10~100	3	287	2.44	0.5
	101~200	40	6 893	32.52	11.5
	201~500	52	18 512	42.28	30.9
	501~999	16	11 235	13.01	18.8
	1 000 以上	11	22 912	9.75	38.3
	合计	122	59 839	100	100
2010	10~100	2	166	1.72	0.25
	101~200	29	4 331	25.00	6.44
	201~500	54	18 448	46.55	27.45
	501~1 000	14	10 070	12.06	14.98
	1 000 以上	17	34 195	14.67	50.88
	合计	116	67 210	100	100
2012	10~100	3	183	2.77	0.25
	101~200	21	3 509	19.45	4.83
	201~500	46	14 618	42.59	20.13
	501~1000	17	11 665	15.74	16.07
	1 000 以上	21	42 643	19.45	58.72
	合计	108	72 618	100	100
2014	10~100	4	280	3.88	0.41
	101~200	15	2 306	14.56	3.38
	201~500	42	12 901	40.28	18.93
	501~1 000	22	13 777	21.36	20.21
	1 000 以上	20	38 905	19.42	57.07
	合计	103	68 169	100	100

近年来，随着规模化程度的不断提高，本市奶牛养殖区的数量在逐年减少。2008 年，本市 122 个奶牛养殖区中 500 头以上规模的奶牛养殖区所占比例为 23%，占奶牛总数的比例为 57%；到 2014 年本市的奶牛养殖区数下降到 103 个，其中 500 头以上规模的奶牛养殖区所占比例上升到 41%，占奶牛总数的比例高达 77%（图 4–10）。

近 20 年上海奶牛业的健康、稳步发展，在农业经济结构调整、服务于城市、为市民

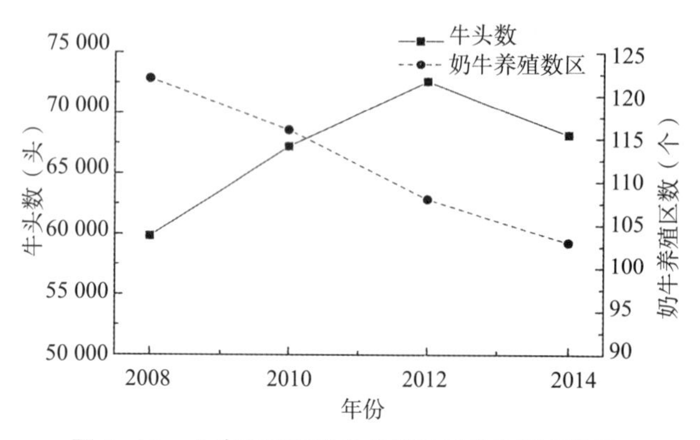

图 4-10　上海市历年乳牛头数及乳牛场数量变化

（注：2014 年数据截至 2014 年 8 月底）

提供优质乳制品、解决农民就业和增加农民收入等方面均起到积极的作用。

2013 年上海市奶牛饲养头数占全国约 1 300 万头的 0.56%，生乳总产量约占全国 3 531 万 t 的 0.95%，虽然占全国的份额很低，但成奶牛平均单产约为全国的 2 倍，成奶牛单产、生乳质量、良种培育、奶牛养殖区规范管理、奶牛综合饲养技术培训与推广等方面有所创新，属国内领先。在全国奶牛业的发展，特别是在高产奶牛饲养、良种推广和 DHI 技术的推广等方面起到重要的作用。

5. 第三方质量检测对上海育种的推动作用

第三方质量检测按质论价体系的价格杠杆作用对牧场来说，不仅体现在原料奶的量还突显了质，原料奶中乳脂乳蛋白含量的提高和菌落数体细胞数的减少都能直接提高原料奶的价格。自实行以来对 DHI 的发展产生了深远的影响，牧场主通过 DHI 测定了解牧场生乳质量，从而调整自己的饲养管理方案；从 2002 年，体细胞被纳入上海生乳按质论价体系中，越来越多的牧场意识到体细胞控制的重要性，纷纷加入 DHI 测试体系，到 2009 年 DHI 参测牧场迅速增长至 155 个，参测奶牛头数增加至 3.0 万头，每年测试数量增加至 27.3 万头次，305 产量稳步提高，达到 8.3t，乳蛋白率显著增加，2009 年 DHI 参测牧场平均乳蛋白率达到 3.15%，较 2002 年增加 0.16 个百分点，乳脂率相对稳定，体细胞数基本呈现下降趋势；2010 年，上海地区已经实现了 DHI 测试全覆盖，这使得 DHI 成为上海市生乳质量安全监管的第一道关口，进一步促进了上海市生乳质量的提升，2009 年至今，体细胞数从 48.4 万直线下降至 37.4 万。目前，上海奶牛育种中心 DHI 实验室已经发展成为全国最大、测试数量和质量最高的 DHI 测试实验室。第三方按质论价体系在推动 DHI 发展的同时，使得上海地区奶牛养殖水平得到了明显提升。上海地区历年的参测牧场数、测试头数、总测试量、305 产量、牛乳乳脂率和乳蛋白率及牛乳体细胞数变化（图 4-11~图 4-16）。

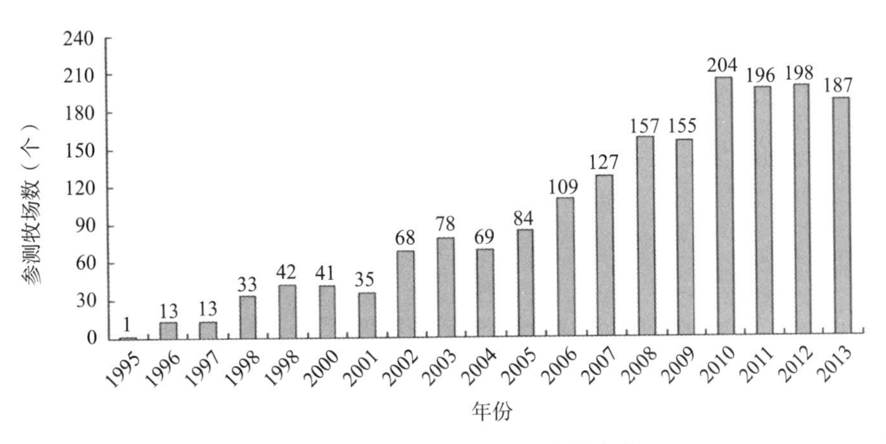

图 4-11　上海 DHI 参测牧场数量变化

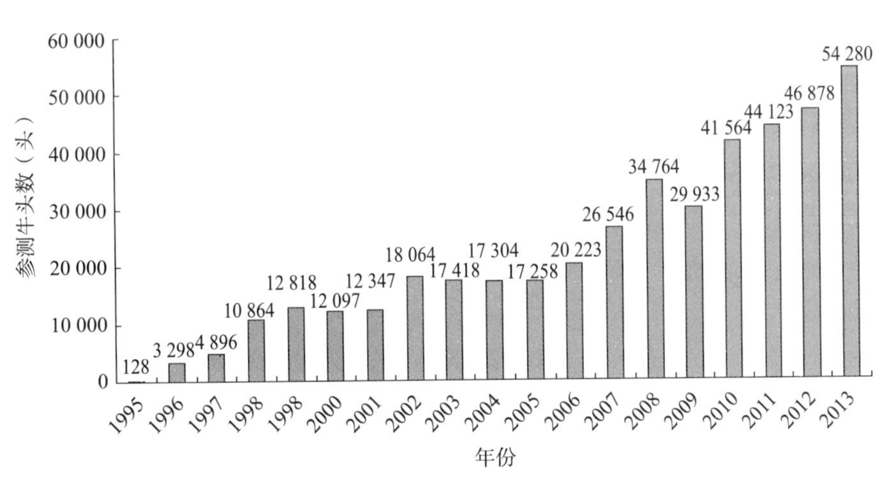

图 4-12　上海 DHI 参测牛头数变化

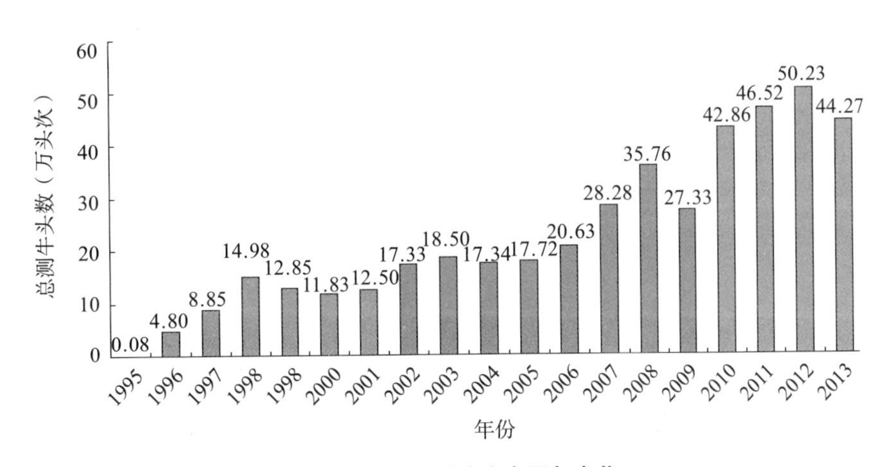

图 4-13　上海总测试头次历年变化

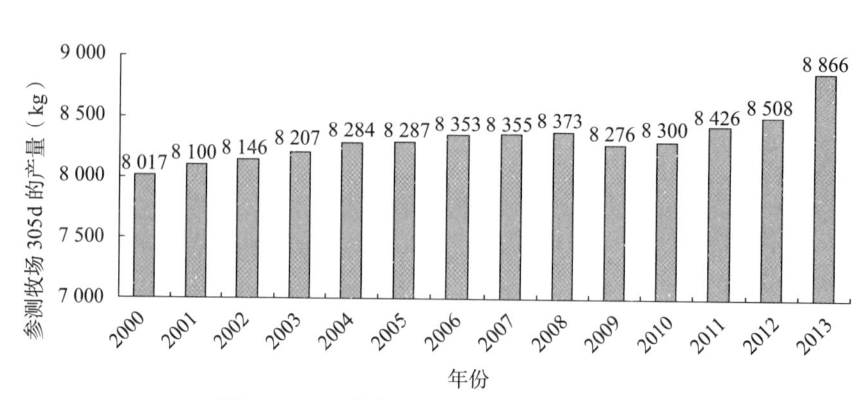

图 4-14　上海参测牧场 305d 的产量变化

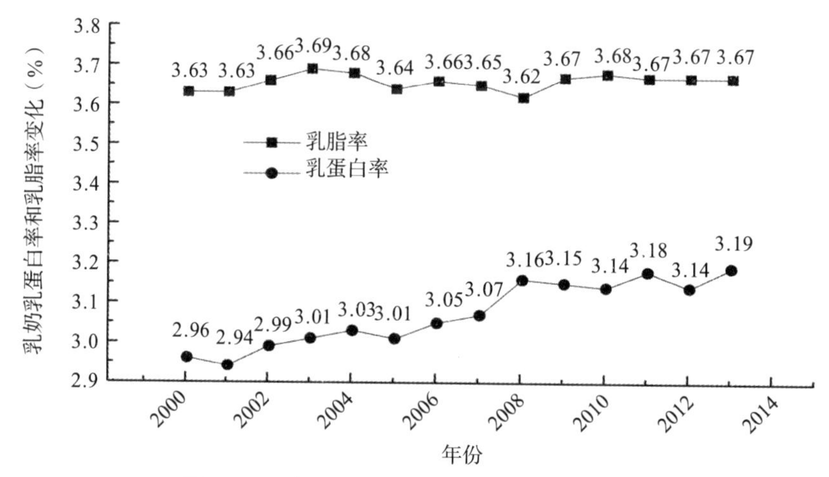

图 4-15　参测牧场生乳乳蛋白率和乳脂率变化

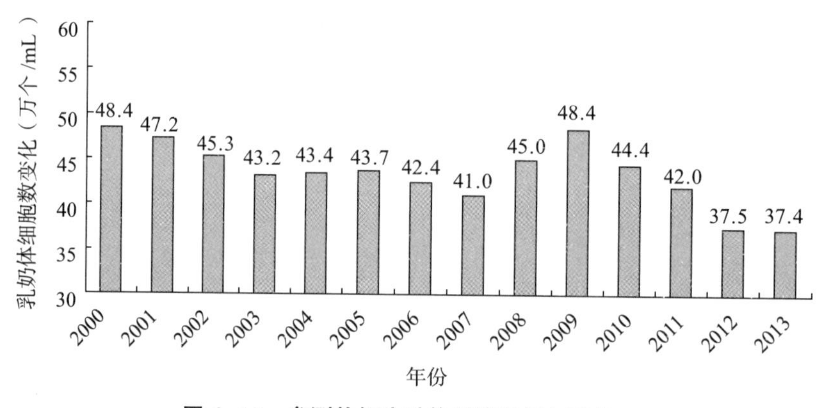

图 4-16　参测牧场生乳体细胞数历年变化

另外 DHI 测定体系与奶牛育种密切相关，为种公牛后裔测定提供准确详细的基础牛群资料，结合后裔测定技术可以培育和筛选出优秀的种用母牛及公牛，从而为奶牛养殖区提供优质的种质资源，在运用外貌鉴定和选种选配技术能持续有效地提高奶牛养殖区牛群品质，有助于构建完善的奶牛良种登记体系，缩短我国与发达国家乳业差距。

第五章

生乳质量安全危害因子检测技术

随着我国国民经济的快速发展和人们生活水平的迅速提高，人们的生活需求和健康意识不断增强，乳制品已成为最重要的食品之一，乳制品的质量安全成为众所关注的热门课题。尽管乳制品会使用一些辅料，且在产销过程中出现质量安全问题，但归根结底来说，生乳是乳制品的唯一主料，是乳制品质量安全的最根本的因素。

生乳的质量安全在乳制品的产销过程中基本不会改变，乳制品加工过程中实施加热方式的杀灭菌，可降低细菌含量至不影响食用安全的水平，但细菌代谢产生的毒素不会被降解，而保留在产品中。另外生乳中的污染物、真菌毒素、农药残留和兽药残留也均保留无疑。因此，可以说生乳的质量安全基本决定了乳制品的优劣。

我国对生乳质量安全有明确的法律、法规和标准的规定，标准是具体体现法律和法规的规定，国家标准 GB 19301—2013《食品安全国家标准生乳》以及其涉及的国家限量标准 GB 2763—2019《食品安全国家标准食品中农药最大残留限量》等均规定了生乳的质量安全因素。除按照这些方法标准规定进行检验和结果计算外，本章分为质量指标检测和安全指标检测，解读标准中涉及的测定原理和注意事项，以便通过测定得到反映生乳真实属性的结果，其中注意事项是测定中容易疏忽的涉及分析化学和数理统计的知识。

第一节　质量指标检测

一、相对密度

1. 质量意义

相对密度的定义是 20℃生乳的密度与 4℃水的密度之比。当生乳中固体含量越高，相对密度就越高，两者呈正相关关系。但这固体可能是乳固体，也可能是掺加的非乳固体，前者反映生乳质量高，后者表面生乳质量差。因此，单凭相对密度不能说明生乳质量好坏，还须检测其他乳成分，即脂肪、非脂乳固体，甚至掺假成分，如淀粉。通过乳成分含

量和相对密度综合分析才可反映生乳质量。

2. 测定原理

依据 GB 5413.33—2010《食品安全国家标准　生乳相对密度的测定》，使用 20℃ /4℃密度计，在一定温度生乳中浸没的刻度读数计算相对密度。

3. 注意事项

（1）生乳温度为 10~25℃，以便查表换算到 20℃，超过该范围，无从查表换算。

（2）密度计与盛生乳的量筒壁不应摩擦，以免产生阻力。

（3）密度计在生乳中上下浮动静止后读数。

二、冰点

1. 质量意义

生乳是乳浊液，其中固体物质是冰点低于水的冰点 0℃，含固体物质越多，冰点下降越多，牛乳若无掺假成分，其冰点应在 0℃以下一定范围，即 –0.560~–0.500℃。在乳固体含量减少的情况下，若有掺假成分，其冰点也可达到该范围。因此，通过乳成分含量和冰点综合分析才可反映生乳质量。

2. 测定原理

依据 GB 5413.38—2016《食品安全国家标准　生乳冰点的测定》，生乳样品过冷至适当温度，当被测乳样冷却到 –3℃时，通过瞬时释放热量使样品产生结晶，待样品温度达到平衡状态，并在 20s 内温度回升不超过 0.5℃，此时的温度即为样品的冰点。

3. 注意事项

（1）用氯化钠配制标准溶液后应在冰箱中冷藏，且标准溶液容器应密封，防止水分蒸发导致浓度升高，降低冰点。

（2）生乳样品也放冰箱中冷藏，48h 内生乳样品和标准溶液同时取出，待到室温时测定。

（3）用冰点仪测定前应仪器校准，用 2 个冰点差值大于 0.1℃的标准溶液进行校准。另外，还须用生乳样品的 2 次重复性测定进行质控校准。

（4）生乳样品倒入样品管时应缓慢，沿壁倒入，防止进入空气。

三、脂肪

依据 GB 5413.3—2010《食品安全国家标准　婴幼儿食品和乳品中脂肪的测定》，生乳的脂肪测定有以下 2 种方法。

（一）抽脂瓶法

1. 测定原理

用乙醚和石油醚抽提样品的碱水解液，通过蒸馏或蒸发去除溶剂，测定溶于溶剂中的抽提物的质量。

2. 注意事项

（1）经乙醚或石油醚溶解的含脂肪层的抽脂瓶，应充分静止后于水层明显分层。倾倒入脂肪收集瓶时，虽达不到全量转移，也应尽量转移，以免测定负误差。

（2）应重复 2 次抽提和转移。

（3）脂肪收集瓶加热后称重应控制温度和时间，即（102 ± 2）℃，1h，以免平行测定的过大误差。

（二）盖勃法

1. 测定原理

在生乳试样中加入硫酸破坏乳胶质性和覆盖在脂肪球上的蛋白质外膜，离心分离脂肪后测量其体积。

2. 注意事项

（1）盖勃氏乳脂计中应先加硫酸，后沿壁缓慢加入生乳样品，以免危险。

（2）2 次平行试验的温度和时间应一致，即 65~70℃，5min。

四、蛋白质

依据 GB 5009.5—2016《食品安全国家标准　食品中蛋白质的测定》，生乳的蛋白质测定有以下 2 种方法。

（一）凯氏定氮法

1. 测定原理

生乳中的蛋白质在催化加热条件下被分解，产生的氨与硫酸结合生成硫酸铵。碱化蒸馏使氨游离，用硼酸吸收后以硫酸或盐酸标准滴定溶液滴定，根据酸的消耗量计算氮含量，再乘以换算系数，即为蛋白质的含量。

2. 注意事项

（1）定氮瓶中加入生乳样品后，再加入硫酸铜、硫酸钾和硫酸，加热碳化应完全，呈蓝绿色。

（2）用硫酸或盐酸滴定时，看准滴定终点。若用甲基红乙醇和甲基蓝乙醇混合指示剂，则呈灰蓝色；若用甲基红乙醇和甲基绿乙醇混合指示剂，则呈浅灰红色。

（3）必须做试剂空白。

（4）可用单道、4 道或 8 道自动凯氏定氮仪测定，消化应完全，达 420℃后再加热 1h，呈绿色真溶液。

（二）分光光度法

1. 测定原理

生乳中的蛋白质在催化加热条件下被分解，分解产生的氨与硫酸结合生成硫酸铵，在

pH 值 4.8 的乙酸钠 - 乙酸缓冲溶液中与乙酰丙酮和甲醛反应生成黄色的 3,5- 二乙酰 -2,6- 二甲基 -1,4- 二氢化吡啶化合物。在波长 400nm 下测定吸光度值，与标准系列比较定量，结果乘以换算系数，即为蛋白质含量。

2. 注意事项

（1）生乳样品的碳化应完全，呈蓝绿色真溶液。

（2）标准系列的线性范围为氮 0.00~100.00μg。

（3）标准溶液个数不少于 6 个，使无数标准差和有数标准差的比值大于 0.90，满足测量误差。

（4）各标准溶液的氮质量差值呈等差级数，使整个标准曲线比较定量呈等精密度测量。

五、非脂乳固体

1. 质量意义

生乳的非脂乳固体即脂肪以外的所有乳固体成分，主要包括蛋白质、乳糖、维生素和微量元素。非脂乳固体含量高反映生乳质量好。

2. 测定原理

依据 GB 5413.39—2010《食品安全国家标准　乳和乳制品中非脂乳固体的测定》，先分别测定出生乳中的总固体含量、脂肪含量，再用总固体减去脂肪含量，即为非脂乳固体。

3. 注意事项

（1）测定总固体时，表皿恒重的干燥箱、干燥器的温度和时间应按该标准规范。

（2）生乳样品在水浴锅中蒸干后，与表皿恒重条件应一致。

六、酸度

1. 质量意义

生乳的酸度应在一定范围内，酸度过高表明生乳腐败，微生物产酸；酸度过低表明有碱性物质掺假。

2. 测定原理

依据 GB 5009.239—2016《食品安全国家标准食品酸度的测定》，采用酚酞指示剂法，其原理是试样经过处理后，以酚酞作为指示剂，用 0.100 0mol/L 氢氧化钠标准溶液滴定至中性，消耗氢氧化钠溶液的体积数，经计算确定试样的酸度。

3. 注意事项

（1）由于生乳酸度因微生物代谢或人为掺假，变化可能较大。因此，用氢氧化钠标准滴定溶液时，首先确定适当的浓度。浓度过高，使滴定体积过小，应使滴定体积大于

1.00mL，以便读出 3 位有效数字。浓度过低，滴定体积超过滴定管容量，用 2 次滴定管滴定，增大滴定误差。

（2）滴定终点应准确无误，显色与参比溶液一致。

（3）应做空白测定。

七、杂质度

1. 测定原理

依据 GB 5413.30—2016《食品安全国家标准 乳与乳制品杂质度的测定》，生乳试样经杂质度过滤板过滤，根据残留于杂质度过滤板上直观可见非白色杂质与杂质度参考标准板比对确定样品杂质的限量。

2. 注意事项

（1）应多次冲洗生乳样品，全量过滤到杂质度过滤板上。

（2）杂质度过滤板与杂质度参考标准板比对时，若介于 2 个板之间，则取杂质度较高的级别。

第二节 安全指标检测

一、污染物

（一）铅

依据 GB 5009.12—2017《食品安全国家标准 食品中铅的测定》，有以下 4 种方法。

1. 石墨炉原子吸收光谱法

（1）测定原理。生乳试样消解处理后，经石墨炉原子化，在 283.3nm 处测定吸光度。在一定浓度范围内铅的吸光度值与铅含量成正比，与标准系列比较定量。

（2）注意事项。

①消解方式可采用可调式电热炉、微波消解器或压力罐，无论采用哪一方式，都应消解完全，消解液呈无色透明或浅黄色。

②消解液应全量转移至容量瓶。

③标准曲线的制作应满足 4 个条件，即线性范围包含最大测定值，标准溶液点不少于 6 个（包括空白），各标准溶液浓度差呈等差级数，相关系数不低于 0.98。

④做试剂空白。

2. 电感耦合等离子体质谱法

（1）测定原理。生乳试样经消解后，由电感耦合等离子体质谱仪测定，以铅元素特定质量数（质荷比，m/z）定性，采用外标法，以铅元素质谱信号与内标铅元素质谱信号的强度比与待测元素的浓度成正比进行定量分析。

（2）注意事项。消解方式可采用微波消解器或压力罐，其他注意事项同石墨炉原子吸收光谱法的注意事项。

3. 火焰原子吸收光谱法

（1）测定原理。生乳试样经处理后，铅离子在一定 pH 条件下与二乙基二硫代氨基甲酸钠（DDTC）形成络合物，经 4- 甲基 -2- 戊酮（MIBK）萃取分离，导入原子吸收光谱仪中，经火焰原子化，在 283.3nm 处测定的吸光度。在一定浓度范围内铅的吸光度值与铅含量成正比，与标准系列比较定量。

（2）注意事项。标准曲线的制作条件同石墨炉原子吸收光谱法的注意事项③。

4. 二硫腙比色法

（1）测定原理。试样经消化后，在 pH 值 8.5~9.0 时，铅离子与二硫腙生成红色络合物，溶于三氯甲烷。加入柠檬酸铵、氰化钾和盐酸羟胺等，防止铁、铜、锌等离子干扰。于波长 510nm 处测定吸光度，与标准系列比较定量。

（2）注意事项。

① 消解注意事项同石墨炉原子吸收光谱法的注意事项①和②。

② 标准曲线的制作条件同石墨炉原子吸收光谱法的注意事项③。

③ 比色法都应扣除试剂空白，可放置参比池，测定时直接扣除。

（二）总汞

依据 GB 5009.17—2014《食品安全国家标准　食品中总汞及有机汞的测定》，有以下 2 个方法。

1. 原子荧光光谱法

（1）测定原理。生乳试样经酸加热消解后，在酸性介质中汞被硼氢化钾或硼氢化钠还原成原子态汞，被氩气带入原子化器，经空心阴极灯照射，由基态激发成高能态。当高能态回到基态时，发射出特征波长的荧光，其荧光强度与汞含量成正比，与标准系列溶液比较定量。

（2）注意事项。

① 消解方式可采用微波消解器、压力罐或回流消解法，消解注意事项同石墨炉原子吸收光谱法的注意事项①和②。

② 标准曲线的制作条件同石墨炉原子吸收光谱法的注意事项③。

2. 冷原子吸收光谱法

（1）测定原理。汞蒸气对波长 253.7nm 的共振线具有强烈的吸收作用。生乳试样经酸消解或催化酸消解，使汞转化为离子态，在强酸性介质中被氯化亚锡还原成元素汞，载气将元素汞带入测汞仪，进行冷原子吸收测定，其吸收值与汞含量成正比，外标法定量。

（2）注意事项。同原子荧光光谱法。

（三）总砷

依据 GB 5009.11—2014《食品安全国家标准　食品中总砷及无机砷的测定》，有以下3种方法。

1. 电感耦合等离子体质谱法

（1）测定原理。生乳试样经消解后，由电感耦合等离子体质谱仪测定，以砷元素特定质量数（质荷比，m/z）定性，采用外标法，以砷元素质谱信号与内标砷元素质谱信号的强度比与待测元素的浓度成正比进行定量分析。

（2）注意事项。同铅的电感耦合等离子体质谱法中注意事项。

2. 原子荧光光谱法

（1）测定原理。生乳试样经酸加热消解后，加入硫脲使五价砷预还原成三价砷，再加入硼氢化钾或硼氢化钠还原成砷化氢，被氩气带入石英原子化器分解成原子态砷，经空心阴极灯照射，激发产生原子荧光，其荧光强度与砷含量成正比，与标准系列溶液比较定量。

（2）注意事项。同总汞原子荧光光谱法的注意事项。

3. 银盐法

（1）测定原理。生乳试样经酸消解后，用碘化钾和氯化亚锡将高价砷还原成三价砷，然后与锌粒和酸产生的氢生成砷化氢，经银盐吸收后成红色胶状物，与标准系列比较定量。

（2）注意事项。标准曲线的制作条件同石墨炉原子吸收光谱法的注意事项③。

（四）铬

（1）测定原理。依据 GB 5009.123—2014《食品安全国家标准　食品中铬的测定》，生乳试样经消解处理后，采用石墨炉原子吸收光谱法，在 357.9nm 处测定吸收值，在一定浓度范围内其吸收值与铬含量成正比，标准系列比较定量。

（2）注意事项。同铅的石墨炉原子吸收光谱法注意事项。

（五）亚硝酸盐

依据 GB 5009.33—2016《食品安全国家标准　食品中硝酸盐与亚硝酸盐的测定》，有以下 2 种方法。

1. 离子色谱法

（1）测定原理。生乳试样经沉淀蛋白质、除去脂肪后，用乙酸提取和固相萃取柱净化，以氢氧化钾溶液为淋洗液，阴离子交换柱分离，电导检测器或紫外检测器检测。以保留时间定性，外标法定量。

（2）注意事项。①固相萃取柱需经活化，再萃取。活化时所用试剂应缓慢加入，活化后应至少静止 30min。

②标准曲线的制作条件同石墨炉原子吸收光谱法的注意事项③。

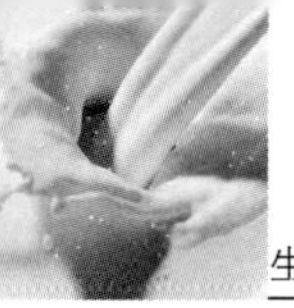

③应做试剂空白。

2. 分光光度法

（1）测定原理。生乳试样经沉淀蛋白质、除去脂肪后，在弱酸条件下，与对氨基苯磺酸重氮化后，再与盐酸萘乙二胺偶合形成紫红色染料，外标法测得亚硝酸盐含量。

（2）注意事项。同铅的二硫腙比色法注意事项。

二、黄曲霉毒素 M_1

依据 GB 5009.24—2016《食品安全国家标准　食品中黄曲霉毒素 M 族的测定》，有以下 3 种方法。

（一）同位素稀释液相色谱-串联质谱法

1. 测定原理

生乳试样中的黄曲霉毒素 M_1 用甲醇-水溶液提取，上清液用水或磷酸盐缓冲液稀释后，经免疫亲和柱净化和富集，净化液浓缩、定容和过滤后经液相色谱分离，串联质谱检测，同位素内标法定量。

2. 注意事项

（1）标准曲线的制作条件同石墨炉原子吸收光谱法的注意事项③。

（2）净化后的洗脱液全量转移至刻度试管，旋转蒸发器浓缩时温度不超过 50℃，且可适当低一点，浓缩时间适当长一点，浓缩至近干，不可至干。这些措施为防溶质溢出，致使测定值系统偏低。

（二）高效液相色谱法

（1）测定原理。生乳试样中的黄曲霉毒素 M_1 用甲醇-水溶液提取，上清液稀释后，经免疫亲和柱净化和富集，净化液浓缩、定容和过滤后经液相色谱分离，荧光检测器检测。外标法定量。

（2）注意事项。同同位素稀释液相色谱-串联质谱法的注意事项。

（三）酶联免疫吸附筛查法

（1）测定原理。生乳试样中的黄曲霉毒素 M_1 经均质、冷冻离心、脱脂或有机溶剂萃取等处理获得上清液。利用被辣根过氧化物酶标记或固定在反应孔中的黄曲霉毒素 M_1 与样品或标准品中的黄曲霉毒素 M_1 竞争性结合特异性抗体。在洗涤后加入相应显色剂显色，经无机酸终止反应，于 450nm 或 630nm 波长下检测。试样中的黄曲霉毒素 M_1 与吸光度在一定浓度范围内呈反比。

（2）注意事项。

①在 96 孔板上滴加样液、标准溶液或试剂必须固定先后顺序，且滴加速度均匀。

②各样液、标准溶液显色后的比色应尽量同时，尽量缩小时间差距。

③标准曲线的制作条件同石墨炉原子吸收光谱法的注意事项③。

三、兽药残留

1. 生乳中兽药残留品种

依据 GB 31650—2019《食品安全国家标准 食品中兽药最大残留限量》，除违法滥用兽药外，生乳中有限量的兽药残留品种为阿苯达唑、双甲脒、阿莫西林、氨苄西林、杆菌肽、青霉素、倍他米松、头孢氨苄、头孢喹肟、头孢噻呋、克拉维酸、氯羟吡啶、氯氰碘柳胺、氯唑西林、黏菌素、氟氯氰菊酯、三氟氯氰菊酯、氯氰菊酯、达氟沙星、溴氰菊酯、地塞米松、二嗪农、三氮脒、多拉菌素、恩诺沙星、乙酰氨基阿维菌素、红霉素、氰戊菊酯、氟甲喹、氟氯苯氰菊酯、庆大霉素、咪多卡、氮氨菲啶、伊维菌素、卡那霉素、林可霉素、安乃近、莫能菌素、莫昔克丁、新霉素、硝碘酚腈、苯唑西林、土霉素、金霉素、四环素、吡利霉素、碘醚柳胺、大观霉素、螺旋霉素、链霉素、磺胺类、噻苯达唑、甲砜霉素、替米考星、敌百虫、三氯苯达唑、甲氧苄啶、泰乐菌素，共 58 种。

2. 液相色谱-串联质谱法

依据 GB/T 20366—2006《动物源产品中喹诺酮类残留量的测定 液相色谱-串联质谱法》等。

（1）测定原理。生乳试样中的喹诺酮类兽药残留经甲酸-乙腈提取，正己烷净化，液相色谱 - 串联质谱测定，外标法定量。

（2）注意事项。同黄曲霉毒素 M_1 的同位素稀释液相色谱-串联质谱法注意事项。

3. 高效液相色谱法

依据 GB 29694—2013《食品安全国家标准 动物性食品中 3 种磺胺类药物多残留的测定高效液相色谱法》等。

（1）测定原理。生乳试样中的磺胺类兽药残留经乙酸乙酯提取，0.1mol/L 盐酸溶液转换溶剂，正己烷除脂净化，高效液相色谱-紫外检测器测定，外标法定量。

（2）注意事项。同黄曲霉毒素 M_1 的高效液相色谱法注意事项。

四、农药残留

1. 生乳中农药残留品种

依据 GB 2763—2019《食品安全国家标准 食品中农药最大残留限量》，除违法滥用农药外，生乳中有限量的农药残留品种为 2,4- 滴、2 甲 4 氯、百草枯、百菌清、苯并烯氟菌唑、苯丁锡、苯菌酮、苯醚甲环唑、苯嘧磺草胺、苯线磷、吡虫啉、吡噻菌胺、吡唑醚菌酯、吡唑萘菌胺、丙环唑、丙硫菌唑、丙溴磷、草铵膦、除虫脲、敌草快、敌敌畏、丁苯吗啉、啶虫脒、啶酰菌胺、毒死蜱、多菌灵、多杀霉素、噁唑菌酮、二苯胺、二嗪磷、呋虫胺、氟苯虫酰胺、氟吡菌胺、氟啶虫胺腈、氟硅唑、氟氯氰菊酯、氟酰脲、甲氨基阿维菌素苯甲酸盐、甲胺磷、甲拌磷、甲基毒死蜱、甲基嘧啶磷、甲萘威、喹氧灵、联

苯肼酯、联苯菊酯、联苯三唑醇、硫丹、螺虫乙酯、螺螨酯、氯氨吡啶酸、氯苯胺灵、氯丙嘧啶酸、氯虫苯甲酰胺、氯氟氰菊酯、氯氰菊酯、麦草畏、咪鲜胺、咪唑菌酮、咪唑盐酸、醚菊酯、醚菌酯、嘧菌环胺、嘧菌酯、嘧霉胺、灭草松、灭多威、灭线磷、灭蝇胺、嗪氨灵、氰氟虫腙、氰戊菊酯、炔螨特、噻草酮、噻虫胺、噻虫啉、噻虫嗪、噻节因、噻螨酮、噻嗪酮、三唑醇、三唑酮、杀螟硫磷、杀扑磷、杀线威、双甲脒、霜霉威、四螨嗪、特丁硫磷、涕灭威、艾氏剂、滴滴涕、狄氏剂、林丹、六六六、氯丹、七氯、虫酰肼，共 98 种。

2. 液相色谱-串联质谱法

依据 GB/T 23211—2008《牛奶和奶粉中 493 种农药及相关化学品残留量的测定　液相色谱-串联质谱法》等。

（1）测定原理。生乳试样经乙腈提取，固相萃取柱净化，乙腈洗脱，液相色谱-串联质谱测定，外标法定量。

（2）注意事项。同黄曲霉毒素 M_1 的同位素稀释液相色谱 - 串联质谱法注意事项。

3. 气相色谱法

依据 GB/T 5009.161—2003《动物性食品中有机磷农药多组分残留量的测定》等。

（1）测定原理。生乳试样经提取、净化、浓缩，气相色谱-火焰光度检测器测定，外标法定量。

（2）注意事项。

① 旋转蒸发器浓缩的注意事项同黄曲霉毒素 M_1 的同位素稀释液相色谱-串联质谱法注意事项（2）。

② 制备混合标准溶液时每个组分的浓度尽量接近预想的测定值，实施单点比较定量。

③ 使用基质标准溶液，回收率可参与定量结果计算。

4. 气相色谱-质谱法

依据 GB/T 23210—2008《牛奶和奶粉中 511 种农药及相关化学品残留量的测定　气相色谱-质谱法》等。

（1）测定原理。生乳试样经乙腈提取，固相萃取柱净化，乙腈洗脱，气相色谱-质谱测定，内标法定量。

（2）注意事项。同农药残留气相色谱法的注意事项。

五、菌落总数

1. 测定原理

依据 GB 4789.2—2016《食品安全国家标准　食品微生物学检验菌落总数测定》，平板培养皿中生乳试样在好氧条件下，经培养基 48h 培养形成菌体的聚合体，计算每克菌落总数。

2. 注意事项

（1）无菌室环境的菌落总数测定。为确保检出的菌落总数是生乳试样中的，而非环境所致，确保测定的准确性，必须在无菌室和超净台做空白试验，布点为无菌室 4 个角落和中央位置，以及超净台的 1 处。若检验结果为无菌落总数，则可实施生乳试样测定，否则须改进无菌室的无菌措施（如实验人员进入前的紫外灯照射、臭氧和滤菌通风），包括缓冲室灭菌、实验人员无菌防护服、无菌室的灭菌措施。

（2）稀释度选择。以选择 3 个稀释度为宜。

（3）培养基布局。培养皿中的培养基必须布满，且均匀。否则造成培养成菌落的蔓延、大片状或链条状。

六、体细胞

依据 NY/T 800—2004《生鲜牛乳中体细胞测定方法》，有以下 3 种方法。

1. 显微镜法

（1）测定原理。生乳试样均匀涂抹载玻片上，干燥，亚甲基蓝染色，显微镜计数。

（2）注意事项。

① 载玻片上布局试样时应厚薄均匀。

② 显微镜聚焦时应先从显微镜侧面，目视将物镜降低，然后注视目镜提升物镜达聚焦。不可注视目镜降低物镜。

③ 若使用油浸高倍镜头，则用后应用二甲苯等溶剂将其上的油擦洗干净。

2. 电子粒子计数体细胞仪法

（1）测定原理。生乳试样中加入甲醛溶液固定体细胞，加入乳化剂电解质混合液，将包含体细胞的脂肪球加热破碎，体细胞单体经过仪器狭缝，由阻抗增值产生的电压脉冲数记录，显示体细胞数。

（2）注意事项。

① 为使进入仪器的样液能代表生乳试样，得到确切的体细胞数，应加热试样后，充分颠倒 9 次。振摇 5~8 次，且温度不低于 30℃，防止脂肪球凝固体细胞，不能通过仪器狭缝。

② 测定前必须做仪器校正，可使用仪器供应商的专用标样。

3. 荧光光电计数体细胞仪法

（1）测定原理。生乳试样在仪器中与染色-缓冲溶液混合后，由仪器内的显微镜感应经染色体细胞内脱氧核糖核酸产生的荧光，转化成电脉冲，经放大记录，显示读数。

（2）注意事项。同电子粒子计数体细胞仪法的注意事项①及②。

七、非法添加物

（一）三聚氰胺

1. 危害性

三聚氰胺，俗称密胺、蛋白精，是一种三嗪类含氮杂环有机化合物（图 5–1），对身体极其有害。我国政府发布的《关于三聚氰胺在食品中的限量值的公告》中规定，三聚氰胺不是食品原料，也不是食品添加剂，禁止人为添加到食品中。对在食品中人为添加三聚氰胺的，依法追究法律责任。2017 年世界卫生组织国际癌症研究机构公布，三聚氰胺在 2B 类致癌物清单中。

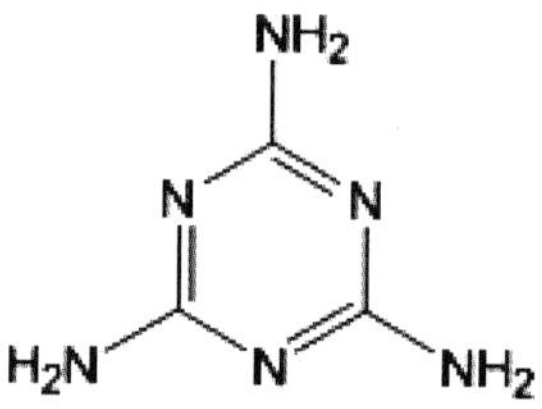

图 5–1　三聚氰胺分子式

目前，国家标准测定生乳中蛋白质是凯氏定氮法，即测定氮含量后，再折算到蛋白质含量。生乳中蛋白质的含氮量 6.38%，而三聚氰胺的含氮量为 93%，比前者高 14.6 倍。因此，不法商人在生乳中大量掺水，降低的蛋白质以掺加三聚氰胺冒充之，造成消费者，尤其是婴幼儿肾脏衰竭的严重伤亡。2008 年我国政府彻查生乳及其制品中的三聚氰胺，并严厉打击。

目前，生鲜牛乳中三聚氰胺的检测方法有高效液相色谱法、液相色谱 - 串联质谱法和气质联用法。

依据 GB/T 22388—2008《原料乳与乳制品中三聚氰胺检测方法》，有以下 3 种方法。

2. 高效液相色谱法

（1）测定原理。生乳试样经三氯乙酸溶液-乙腈提取，阳离子交换固相萃取柱净化后，用高效液相色谱仪测定，外标法定量。

（2）注意事项。

①标准曲线的制作条件同石墨炉原子吸收光谱法的注意事项③。

②该方法标准 GB/T 22388—2008 规定的定量限是方法定量限，为 2mg/kg，偏高。检测单位应作仪器检出限或仪器定量限。仪器检出限的实验和计算方法依据 GB/T 5009.1—2003《食品卫生检验方法　理化部分　总则》，得出后需实测检验，若能测出检出限所示浓度，则定为仪器检出限。若不能测出检出限所示浓度，则以其 3 倍为仪器定量限。

3. 液相色谱–串联质谱法

（1）测定原理。生乳试样经三氯乙酸溶液提取，阳离子交换固相萃取柱净化后，用液相色谱 - 串联质谱仪测定和确证，外标法定量。

（2）注意事项。同黄曲霉毒素 M_1 的同位素稀释液相色谱 - 串联质谱法注意事项。

4. 气相色谱–质谱法

（1）测定原理。生乳试样经超声提取，固相萃取柱净化后，进行硅烷化衍生，衍生产物采用选择离子监测质谱扫描模式（SIM）或多反应监测质谱扫描模式（MRM），用化合物保留时间和质谱碎片的丰度比定性，外标法定量。

（2）注意事项。同农药残留气相色谱法的注意事项。

（二）革皮水解物

1. 危害性

革皮水解物是废弃皮革制品仅酸解生成氨基酸，这种废弃皮革制品带有含铬的柔革剂，如重铬酸钾等。制成的氨基酸中含有高含量的镉，所用的酸为工业酸，而非食品级酸，含有危害性杂质，如砷。革皮水解物还包括动物皮毛，包括人的头发，酸解氨基酸后除含有以上危害物外，还含有致病菌及其代谢毒素。

不法商人在生乳中大量掺水，降低的蛋白质后，用以代替生乳中的蛋白质，造成消费者重金属中毒和微生物代谢毒素危害。

2. 测定原理

依据 DB61/T 1242—2019《生鲜乳中革皮水解物（*L*-羟脯氨酸）的快速筛查方法》，生乳试样经盐酸水解，游离出的 *L*-羟脯氨酸经氯胺 T 氧化，生成含有吡咯环的氧化物。生成物与对二甲氨基苯甲醛反应生成红色化合物，使用酶标仪在波长 560nm 处测定吸光度，标准系列比较定量。

3. 注意事项

（1）标准曲线的制作条件同石墨炉原子吸收光谱法的注意事项③。

（2）96 孔板的实验操作注意事项同黄曲霉毒素 M_1 的酶联免疫吸附筛查法注意事项（1）。

（三）*β*- 内酰胺酶

1. 危害性

在奶牛饲养过程中，*β*-内酰胺类抗生素经常被用来预防和治疗奶牛各种感染性疾病，尤其在治疗牛乳房炎，子宫炎方面疗效显著。在生产实践中，药物防治动物疫病，不管通过什么方式用药，抗生素最终要进入血液循环发挥作用，并在血液中维持一定的血药浓度，如果没有严格按照休药期规定用药，会造成生乳及乳制品中抗生素残留。*β*-内酰胺类抗生素为奶牛养殖过程中治疗奶牛乳腺炎和其他细菌感染应用最广泛的抗生素，而 *β*-内酰胺酶恰恰能有效分解牛乳中的此类抗生素，由于其廉价的特性被一些不法分子人为添

加到原料乳中来分解牛乳中残留的抗生素，以达到原料乳的企业收购标准。β-内酰胺酶作用于抗生素产生的噻唑酸物质会导致人体发生过敏反应，对生乳的品质有不良的影响。

因此，2009 年 3 月 23 日卫生部在《全国打击违法添加非食用物质和滥用食品添加剂专项整治抽检工作指导原则和方案》的通知（食品整治办〔2009〕29 号）中明确指出："添加 β-内酰胺酶（解抗剂）等非食品用物质属违法行为"，将 β-内酰胺酶列为违禁添加物，不得检出。

现在 β-内酰胺酶的检测方法中，应用最广泛的为杯碟法和快速检测的试剂盒法两种检测方法，其中杯碟法是一种微生物方法，也是目前我国推荐的 β-内酰胺酶检测方法。2009 年卫生部发布的《乳及乳制品中舒巴坦敏感 β-内酰胺酶类药物检验方法：杯碟法》和 2018 年实施的 NY/T 3313—2018《生乳中 β-内酰胺酶的测定》中的第一法　杯碟法，都是采用杯碟法测定生乳中的 β-内酰胺酶含量。虽然 2 个方法标准中添加藤黄微球菌的方式略有不同，但是却是国内一直公认的微生物检验方法。2018 年发布的 NY/T 3313—2018 虽然在标准加入"第二法　胶体金快速试纸条法"检测方法，但是在该方法中明确规定了要用"第一法　杯碟法"确证后，才能上报"β-内酰胺酶检出"。

目前的方法无法对 β-内酰胺酶是外源性还是内源性进行判断，无法取得非法添加的确凿证据，这将有碍乳品质量安全的监管。今后针对 β-内酰胺酶的研究重点应偏向于内外源性 β- 内酰胺酶的区分及定量检测方法的建立，为原料乳安全性风险评估及风险预警提供有力技术支撑。

2. 杯碟法

（1）测定原理。采用对青霉素药物敏感的藤黄微球菌，通过舒巴坦特异性抑制 β- 内酰胺酶的活性，以青霉素为对照，比较加入舒巴坦和未加入舒巴坦生乳试样的产生抑菌圈大小，间接测定试样中是否含有 β-内酰胺酶。

（2）注意事项。

① 藤黄微球菌的添加方式，对 β-内酰胺酶的检出限和实际观察测量抑菌圈有影响。

② 各试样的培养时间在规定范围内，且一致。

3. 胶体金快速试纸条法

（1）测定原理。测定生乳试样中被 β-内酰胺酶分解后残留的青霉素，间接测定试样中是否含有 β- 内酰胺酶。

（2）注意事项。

① 肉眼判定时应平视显色线。

② 读数仪判定的各试样和标样应条件一致。

参考文献

国家标准化管理委员会，国家质量监督检验检疫总局，2013. 良好农业规范　第 8 部分：奶牛控制点与符合性规范：GB/T 20014.8—2013［S］. 北京：中国标准出版社 .

国家食品药品监督管理总局，国家卫生和计划生育委员会，2016. 食品安全国家标准　食品中脂肪的测定：GB 5009.6—2016［S］. 北京：中国标准出版社 .

国家食品药品监督管理总局，国家卫生和计划生育委员会，2016. 食品安全国家标准　乳与乳制品杂质度的测定：GB 5413.30—2016［S］. 北京：中国标准出版社 .

国家食品药品监督管理总局，国家卫生和计划生育委员会，2016. 食品安全国家标准　食品微生物学检验菌落总数测定：GB 4789.2—2016［S］. 北京：中国标准出版社 .

国家食品药品监督管理总局，国家卫生和计划生育委员会，2016. 食品安全国家标准　食品中蛋白质的测定：GB 5009.5—2016［S］. 北京：中国标准出版社 .

国家食品药品监督管理总局，国家卫生和计划生育委员会，2016. 食品安全国家标准　食品中硝酸盐与亚硝酸盐的测定：GB 5009.33—2016［S］. 北京：中国标准出版社 .

国家市场监督管理总局，农业农村部，国家卫生健康委员会，2019. 食品安全国家标　食品中农药最大残留限量：GB 2763—2019［S］. 北京：中国标准出版社 .

国家卫生和计划生育委员会，2014. 食品安全国家标准　食品中铬的测定：GB 5009.123—2014［S］. 北京：中国标准出版社 .

国家卫生和计划生育委员会，2014. 食品安全国家标准　食品中总汞及有机汞的测定：GB 5009.17—2014［S］. 北京：中国标准出版社 .

国家卫生和计划生育委员会，2016. 食品安全国家标准　生乳冰点的测定：GB 5413.38—2016［S］. 北京：中国标准出版社 .

国家卫生和计划生育委员会，2014. 食品安全国家标准　食品添加剂使用标准：GB 2760—2014［S］. 北京：中国标准出版社 .

国家卫生和计划生育委员会，2014. 食品安全国家标准　食品中总砷及无机砷的测定：GB 5009.11—2014［S］. 北京：中国标准出版社 .

国家卫生和计划生育委员会，2016. 食品安全国家标准　食品酸度的测定：GB 5009.239—2016［S］. 北京：中国标准出版社 .

国家卫生和计划生育委员会，2016. 食品安全国家标准　食品相对密度的测定：GB 5009.2—2016［S］. 北京：中国标准出版社 .
国家卫生和计划生育委员会，国家食品药品监督管理总局，2016. 食品安全国家标准　食品中黄曲霉毒素 M 族的测定：GB 5009.24—2016［S］. 北京：中国标准出版社 .
国家卫生和计划生育委员会，国家食品药品监督管理总局，2017. 食品安全国家标准　食品中铅的测定：GB 5009.12—2017［S］. 北京：中国标准出版社 .
国家质量监督检验检疫总局，2008. 原料乳与乳制品中三聚氰胺检测方法：GB/T 22388—2008［S］. 北京：中国标准出版社 .
国家质量监督检验检疫总局，2008. 牛奶和奶粉中 493 种农药及相关化学品残留量的测定　液相色谱-串联质谱法：GB/T 23211—2008［S］. 北京：中国标准出版社，2008.
国家质量监督检验检疫总局，国家标准化管理委员会，2006. 动物源产品中喹诺酮类残留量的测定　液相色谱-串联质谱法：GB/T 20366—2006［S］. 北京：中国标准出版社 .
刘旸，张丽宏，房玉国，等，2021. 杯碟法中藤黄微球菌的添加方式对生鲜乳中 β-内酰胺酶检出限的影响 [J]. 中国乳品工业，49（2）：39-41，55.
农业农村部，2018. 无公害食品畜禽饮用水水质：NY 5027—2008［S］. 北京：中国农业出版社 .
全国人民代表大会常务委员会，2021. 中华人民共和国动物防疫法［M］. 北京：中国法制出版社 .
中华人民共和国农业部，2004. 生鲜牛乳中体细胞测定方法：NY/T 800—2004［S］. 北京：中国农业出版社 .
中华人民共和国农业部，国家卫生和计划生育委员会，2013. 食品安全国家标准　动物性食品中 3 种磺胺类药物多残留的测定　高效液相色谱法：GB 29694—2013［S］. 北京：中国标准出版社 .
中华人民共和国农业农村部，2018. 生乳中 β-内酰胺酶的测定：NY/T 3313—2018［S］. 北京：中国农业出版社 .
中华人民共和国农业农村部，国家卫生健康委员会，国家市场监督管理总局，2019. 食品安全国家标准　食品中兽药最大残留限量：GB 31650—2019［S］. 北京：中国标准出版社 .
中华人民共和国卫生部，中国国家标准化管理委员会，2003. 动物性食品中有机磷农药多组分残留量的测定：GB/T 5009.161—2003［S］. 北京：中国标准出版社 .
中华人民共和国卫生部，中国国家标准化管理委员会，2010. 食品安全国家标准　生乳：GB 19301—2010［S］. 北京：中国标准出版社 .
中华人民共和国卫生部，中国国家标准化管理委员会，2003. 食品卫生检验方法　理化部分　总则：GB/T 5009.1—2003［S］. 北京：中国标准出版社 .

Gottardo P, Penasa M, Righi F, et al., 2017. Fatty acid composition of milk from Holstein-Friesian, Brown Swiss, Simmental and Alpine Grey cows predicted by mid-infrared spectroscopy [J] . Italian Journal of Animal Science, 16 (3) : 380-389.

Bovee E, Kruijf N D, Jetten J, et al., 1997. HACCP approach to ensure the safety and quality of food packaging [J] . Food Additives and Contaminants, 14 (6-7) : 721-735.

Fossler C P, Wells S J, Kaneene J B, et al., 2004. Prevalence of *Salmonella* spp on conventional and organic dairy farms [J] . Journal of the American Veterinary Medical Association, 225 (4) : 567-573.

Ingham S C, Hu Y, An C, 2011. Comparison of bulk-tank standard plate count and somatic cell count for Wisconsin dairy farms in three size categories [J] . Journal of Dairy Science, 94 (8) : 4237-4241.

Kirchman S E, Pinedo P J, Maunsell F P, et al., 2017. Evaluation of milk components as diagnostic indicators for rumen indigestion in dairy cows [J] . Journal of the American Veterinary Medical Association, 251 (5) : 580.

Sarkar S, 2015. Microbiological considerations: pasteurized milk [J] . International Journal of Dairy Science, 10 (5) : 206-218.

Singh V, Kaushal S, Tyagi A, et al., 2011. Screening of bacteria responsible for the spoilage of milk [J] . Journal of Chemical and Pharmaceutical Research, 3 (4) : 348-350.

United Sattes National Research Council, 2001. Nutrient requirements of dairy cattle [M] . 7th Red. ed Washington, D.C. : National Academy Press : 51-72.

United States Department of Health and Human Services, Public Health Service, 2015. Food and Drug Administration, Grade "A" Pasteurized Milk Ordinance [M] . Washington, D.C. : National Academy Press : 36-54.

Wenz J R, Barrington G M, Garry F B, et al., 2001. Bacteremia associated with naturally occurring acute coliform mastitis in dairy cows [J] . Journal of the American Veterinary Medical Association, 219 (7) : 976-981.